평화공원 조성을 전제한 비무장지대 연구 및 답사

서무송

1927년 중국 길림성 안도현 명월진에서 출생하였으며 평양종합대학 지리학부와 경희대학교 대학원 지리학과를 졸업하였다. 건국대학교, 상지대학교, 공주대학교에서 지형학 강의를 하였으며 아주공과대학 전임교원을 지냈다. 한국동굴학회 창립부회장 및 고문과 대한지리학회, 한국지리교육학회, 한국지형학회의 이사를 역임하였다.
한국 최초로 고수동굴을 개발하였으며 국내외 동굴 130여 개소를 탐험·답사하고 연구하여 동굴퇴적물에 대한 새로운 명칭을 부여하고 학계에 보고하였다. 특히 제주도 용암동굴에서 나타나는 패각사 기원의 종유석과 석순을 연구하여 2차원의 위종유동이란 이름으로 국내외 학술지에 발표하였다.
대표저서로는 『신지형학』(1972), 『한국의 동굴』(1987), 『한국의 석회암지형』(1996), 『지리학 삼부자의 중국지리 답사기』(2004), 『지형도를 이용한 제주도 기생화산 연구 및 답사』(2009), 『카르스트지형과 동굴 연구』(2010), 『나의 지리답사 60년』(2010), 『블라디보스토크에서 바이칼호까지』(2017), 『세계의 카르스트지형』(2019) 등이 있다. 『한국의 동굴』로 제6회 한국과학기술도서 저술부문 과기처장관상을 수상하였고, 『지형도를 이용한 제주도 기생화산 연구 및 답사』는 2010년 문화체육관광부 우수학술도서로, 『카르스트지형과 동굴 연구』는 2011년, 『세계의 카르스트지형』은 2020년 대한민국학술원 우수학술도서로 선정되었다.

평화공원 조성을 전제한

비무장지대 연구 및 답사

서무송

푸른길

고성 DMZ박물관 입구의 대형 간판 앞에 선 저자. 마지막까지 학자로서의 투혼을 불태운 그에게 경의를 표한다.

차례

서문

1950년 6월 25일 새벽 4시 북한군은 폭풍이란 작전명령 아래 200여 대의 소련제 T-34 탱크와 100여 대의 전투기, 20여만 명의 잘 훈련된 전투 병력을 앞세우고 옹진반도, 개성, 포천, 전곡, 춘천, 양양 등 전 전선에 걸쳐 육해공군이 전격적으로 기습 남침을 감행하였다.

정치적으로 혼란했던 대한민국은 속수무책으로 당할 수밖에 없었다. 전 전선이 무너지며 개전 3일 만에 정부는 수도 서울을 포기하고 피난길에 올랐고, 패퇴에 패퇴를 거듭하여 낙동강 방어선까지 밀려 풍전등화의 상황을 맞이하였다.

다행히도 1948년 대한민국을 한반도의 유일한 합법정부로 승인했던 UN이 기습 남침을 감행한 북한을 규탄하기 위해 안전보장이사회를 긴급 소집하고 북한의 남침을 국제 평화의 파괴 및 침략행위로 규정하였다. 동시에 UN은 북한에 대해 전투를 즉각 중단하고 병력을 38선 북쪽으로 철수할 것을 결의하였다. 그러나 북한은 UN의 결정을 무시하고 전쟁을 계속하자 UN 안전보장이사회는 제2차 회의를 소집하고 UN 회원국들에 대한민국에 군사적 지원을 제공할 것을 권고하는 결의안을 채택하였다. 그리고 이 안전보장이사회의 결의에 따라 UN 회원국들은 대한민국에 전투 부대와 의료지원 부대를 파병하게 되었다. 이는 UN 헌장에 명시된 집단안전보장에 의해 UN이 국제 평화를 파괴하는

UN이 인증한 한반도 유일의 합법정부 대한민국에 군사 지원을 하기로 결정한 UN 안전보장이사회 제2차 회의

인천상륙작전을 성공한 후 경인 국도를 따라 서울로 진격하는 UN군과 국군해병대원들

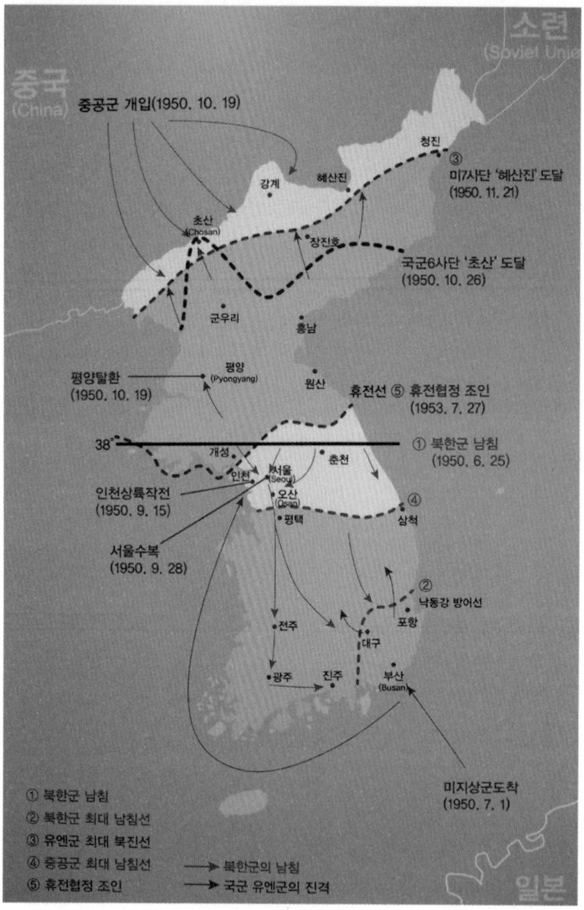

6·25 전쟁의 전황도(DMZ박물관 내 지도)

북한의 침략 행위에 대해 최초로 군사적 제재를 가하는 조치였다.

UN 안전보장이사회가 한국에 파병되는 UN군을 통합 지휘하기 위해 통합군사령부를 설치하고 UN군 사령관에게 작전권을 이양함으로써 우리 국군도 UN군의 일원으로 싸우게 되었다. 지구촌 21개 국가에서 약 194만 명이 참전한 UN군은 3년 1개월의 전쟁 기간 대한민국의 자유와 국제 평화를 수호하기 위하여 싸웠다.

UN 참전 회원국은 미국을 비롯하여 전투 병력 지원국은 영국, 오스트레일리아, 네덜란드, 캐나다, 뉴질랜드, 프랑스, 필리핀, 튀르키예, 태국, 그리스, 남아프리카공화국, 벨기에, 룩셈부르크, 콜롬비아, 에티오피아 등 16개국이며 그중 제일 먼저 전투 병력을 보낸 나라는 미국이고 다음은 오스트레일리아이다. 의료 지원국은 스웨덴, 인도, 덴마크, 노르웨이, 이탈리아 등 5개국이며, 기타 물자 지원국은 39개국이다. 그리고 총 60개 나라에서 30억 달러의 지원을 받았다.

6·25 전쟁은 만 3년 하고도 한 달 더 지속되었다. 상상을 초월하는 엄청난 인적 손실과 경제기반의 완전 파괴라는 결과를 가져왔다. 또한 250만 명에 달하는 사상자와 납북자 10만 명, 이재민 370만 명, 이산가족 1,000만 명, 전쟁미망인 30만 명, 전쟁고아 10만 명 등 민간인 피해를 비롯해 여러 가지 사회적 문제를 남겼다.

1953년 7월 27일 휴전 협정이 조인 선포되었고, 군사분계선을 중심으로 비무장지대DMZ가 설정되었다. 당시 군사분계선은 협정 조인될 당시의 피아간 접촉선으로 정해졌다. 그리고 이 선에서 각각 2km씩 후퇴하여 북방한계선과 남방한계선을 그어 비무장지대가 설정되었다. 그러나 실제 남방한계선이나 북방한계선은 전술상 지켜 낼 수 없는 형식적 선 개념에 불과하였다. 쌍방은 한계선 안

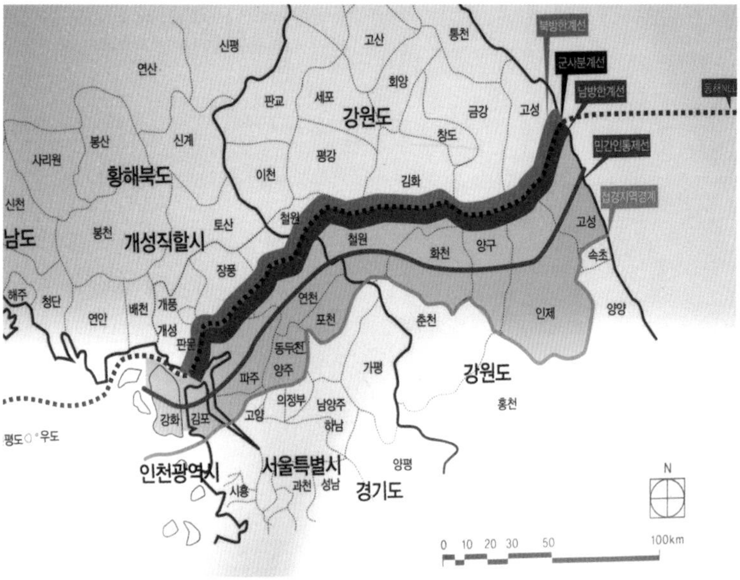

휴전선 접경지역 구분 지도(DMZ박물관 내 지도)

으로 들어가 전술상 유리한 지점에 진지를 구축하고 철조망을 둘러쳤다. 북방한계선과 남방한계선은 상징적인 선일 뿐 현실적으로 실제의 병력 배치는 들락날락할 수밖에 없었고 쌍방 모두 이를 묵시적으로 인정할 수밖에 없었다.

우리 군은 다시 남방한계선 남쪽으로 작전상 영향을 줄 수 있는 15km 내외에 민간인 출입 통제선을 설정하여 철저하게 통제하였다. 민간인 출입 통제선(약칭 민통선) 안에서는 거주는 물론 영농까지 허락되지 않아 이 지역은 사실상 폐허가 되었다. 하지만 일부 지휘관의 재량권이 허용되며 알게 모르게 민통선은 축소되었다.

평양종합대학 지리학부를 이수(제1회)한 필자는 1950년 6월 25일 6·25 전쟁이 발발하자 동족상잔의 비극을 피해 평안남도 성천군 영천면 송강리 천도교 청우당 마을로 들어갔다. 이곳에서 1950년 7월 초에서 10월 중순까지 마을의 지도자 장병채, 장정희, 이병간, 제씨諸氏 등 여러 사람의 도움과 모친의 헌신적 사랑으로 살아남았다.

그리고 국군의 북진으로 청운의 꿈을 안고 다시 평양으로 들어갔으나 전세가 불리해져 뜻을 같이한 지리학과 동기동창 김용걸 군과 손잡고 월남하였다. 김군은 통역장교로 임관하여 육군본부 인사고문관실 전속 통역관을 맡았고, 필자는 갑종 간부 제3기생으로 임관하여 5사단 35연대 2대대 소대장이 되었다. 이후 소대장과 중대장을 거치면서 동부전선, 중부전선, 지리산 작전을 마치고 다시 서부전선에 투입되는 등 최일선을 두루 섭렵하였다. 한때 격전지 중부전선에서 작전 중 중공군에 포위

환갑을 넘긴 나이에도 필자를 도와 한탄강 일대를 답사 중인 두 아들(좌측 인명, 우측 윤명)

되어 적지에서 5일간 야간행동으로 아군 진지로 귀환하는 일도 있었다.

지질학에 기초를 둔 지형학을 전공한 필자는 전쟁 기간 누볐던 비무장지대에 오랫동안 관심을 가지고 있었다. 머지 않은 시기에 비무장지대를 평화적으로 이용하게 될 것이라 믿으며 그 방안 마련의 필요성을 절감하였다. 그리고 이제 90이 넘어서야 그 바람을 실행하게 되었다. 수십 년간 폐쇄되었던 이 공간을 필자 인생의 마지막 연구 대상으로 선택한 것이다. 그리고 이를 위해 어렵사리 직접 답사도 하였다. 비무장지대의 출발점이자 종착점인 고성군 현내면 대강리 강정江亭 마을과 초구草邱 마을, 송도진리松嶋津里 그곳의 통일전망대에서 서진하여 판문점을 거쳐 임진강과 한강의 합류점에 있는 오두산鰲頭山통일전망대까지 길고 긴 250여 km의 여정을 떠나게 되었다.

이번 연구의 목적은 개발 가능한 전적지 비무장지대의 가치를 최대한 발견하고 진실한 역사를 찾아 후손들에게 물려주는 것이다. 비무장지대 안의 거민 흔적을 찾아 선대들이 대대로 지켜 온 고향의 참모습을 후손에게 찾아주고, 도폭별로 비무장지대의 쌍방 배후지역과 연계 가능한 자연 및 문화유산을 찾아내어 관광권 조성의 기초를 제공하고자 한다. 이를 바탕으로 필자는 비무장지대를 평화를 상징하는 공원으로 만들 것을 제안하는 바이다. 비무장지대는 생태계가 인위적 훼손 없이 70년 가까이 훌륭하게 보존되어 있는 세계사에 유례가 없는 독특한 곳이다. 이 자체만으로도 평화를 사랑하고 자연을 탐구하는 사람들의 관심사가 아닐 수 없다.

이 연구에는 기본적으로 4종의 지도가 이용되었으며 편의상 다음과 같이 임의로 명명하였다.

① 1918년 조선총독부가 발행한 1:50,000(10′×15′) 지형도 ⇒ **독부도**督府圖

② 1965년 북한과 소련이 공동 제작한 1:50,000(10′×15′) 지형도 ⇒ **북소도**北蘇圖

③ 미 극동사령부가 발행하고 6·25전쟁을 수행한 1:50,000(10′×15′) 지형도 ⇒ **극동도**極東圖

④ 2019년 국토지리정보원이 발행한 1:50,000(15′×15′) 지형도 ⇒ **현용도**現用圖

이 책의 서술 기준이 되는 것은 현재 우리가 사용하고 있는 현용도다. 고성, 간성, 서화, 방산, 금성, 김화, 내문, 철원, 왕징, 문산, 개성 등 11개 도폭을 기준으로 한다. 그런데 도폭의 특성상 내문 도폭과 철원 도폭은 통합적으로 구성(7-1장과 7-2장)함으로써 서술 지역 자체는 10개 지역이다.

기본적으로 연구는 각 지도상에 중앙분계선을 긋고 이 선에서 기계적으로 남북으로 각각 2km 거리에 남·북방한계선을 그은 다음, 이들 남·북방한계선 내에서 사라져 버린 비운의 마을, 면 소재지, 군청 소재지를 복원해 보는 것이다. 이와 함께 동해선, 경원선, 경의선을 비롯한 단절된 철도와 도로의 복원 사진과 함께 전쟁으로 폐허화된 옛날의 역사驛舍, 기총소사를 받아 벌집처럼 구멍 난 채 고철 덩어리로 남아 있는 역사 앞의 객차 잔해, 노동당 철원군당 당사 건물 등의 사진도 곁들인다.

한편, 아쉽게도 남방한계선 남쪽에 설정된 민간인 출입 통제구역은 이번 연구에서 제외하였다. 비무장지대의 7~8배에 이르는 곳으로 군 작전을 위한 군사시설들이 들어서 있어 안전 문제로 민간인의 거주는 물론 영농을 비롯한 모든 경제활동이 정지됨으로써 6·25 이전의 모든 생활 터전이 폐허화된 곳이다. 하지만 그 규모가 방대하여 연구의 한계가 있었다.

이 책에서 서술할 내용은 다음과 같이 요약할 수 있다. 1. 지리적 위치와 지질 및 지형, 2. 기후와 식생 및 훼손 없이 보존된 생태계, 3. 옛 도폭 속 폐허가 된 비무장지대 거민의 흔적, 4. 전사에 기록을 남긴 격전지 쟁탈전, 5. 비무장지대 밖 연계 가능한 관광자원, 6. 종합 관찰 결과에 따른 대정부 건의 등이다. 그 외에도 필자가 6·25 전쟁 동안 얻은 농어촌 출신 병사들의 걸출한 지혜 등 활동 당시의 생생한 현장 기록도 포함되어 있다.

이 책의 원고를 마무리할 즈음 필자의 몸에 변화가 오기 시작했다. 아마 책의 출간을 보기 힘들 수도 있겠다는 생각이 들었다. 그래서 둘째아들 인명에게 (주)푸른길 김선기 대표를 통해 책을 출간하라는 임무를 맡겼다. 훗날 이 연구가 비무장지대 개발이나 평화공원 조성의 조그마한 밑거름이 되기를 바라는 마음이다.

2019년 여름 부천 중동 우거에서

저자 서무송

비무장지대 개발을 위한 도폭별 분석 및 제안

본 연구에 사용된 지도와 명칭

- **현용도(現用圖)** : 2019년 국토지리정보원이 발행한 1:50,000(15′×15′) 지형도
- **독부도(督府圖)** : 1918년 조선총독부가 발행한 1:50,000(10′×15′) 지형도
- **북소도(北蘇圖)** : 1965년 북한과 소련이 공동 제작한 1:50,000(10′×15′) 지형도
- **극동도(極東圖)** : 미 극동사령부가 발행하고 6·25전쟁을 수행한 1:50,000(10′×15′) 지형도

제1장

고성(高城) 도폭

〈연구에 이용된 도폭〉

- 현용도의 고성(高城) 도폭
- 독부도의 고성(高城) 도폭
- 북소도의 초구(草丘) 도폭
- 극동도의 고성(高城) 도폭

1. 지리적 위치와 지질·지형

고성高城 도폭의 수리적 위치는 38°30′~45′N, 128°15′~30′E이고, 행정적으로는 강원도 고성군 수동면과 현내면에 걸쳐 있다. 비교적 위치는 남한의 최북단 동해안으로, 동해가 도폭의 동쪽 절반을 차지한다.

도폭 내 육지의 중심을 남에서 북으로 남강南江이 북류하고 있다. 남강 하구는 해금강 지역이고, 그 북서쪽으로 도폭을 벗어나면 외금강, 신금강, 내금강 등 한국 최대의 관광자원이 전개된다. 도폭의 남동쪽에는 향로봉 줄기가 있으며 그 사이 비무장지대에는 전화로 폐허가 된 많은 사적과 천년 고찰이 빈터로 남아 있다.

중앙의 군사분계선 남쪽 동해안은 사빈해안과 암석해안으로 나뉜다. 사빈해안은 깨끗한 모래와 맑은 바닷물로 우수한 해수욕장의 조건을 갖추고 있으며, 암석해안은 기암괴석이 즐비하여 경승지를 이룬다.

중요한 석호潟湖로는 중앙 군사분계선 북쪽에 감호가 있으며 북방한계선을 넘어 남강 하구와의 사이에 감호의 1/3 크기인 영랑호가 있다. 남쪽으로 내려오면서도 화진포를 비롯한 호수들이 많은데

고 성 (高 城)

1 : 50,000 지형도 도엽번호 NJ 52-6-10

고성(Goseong)

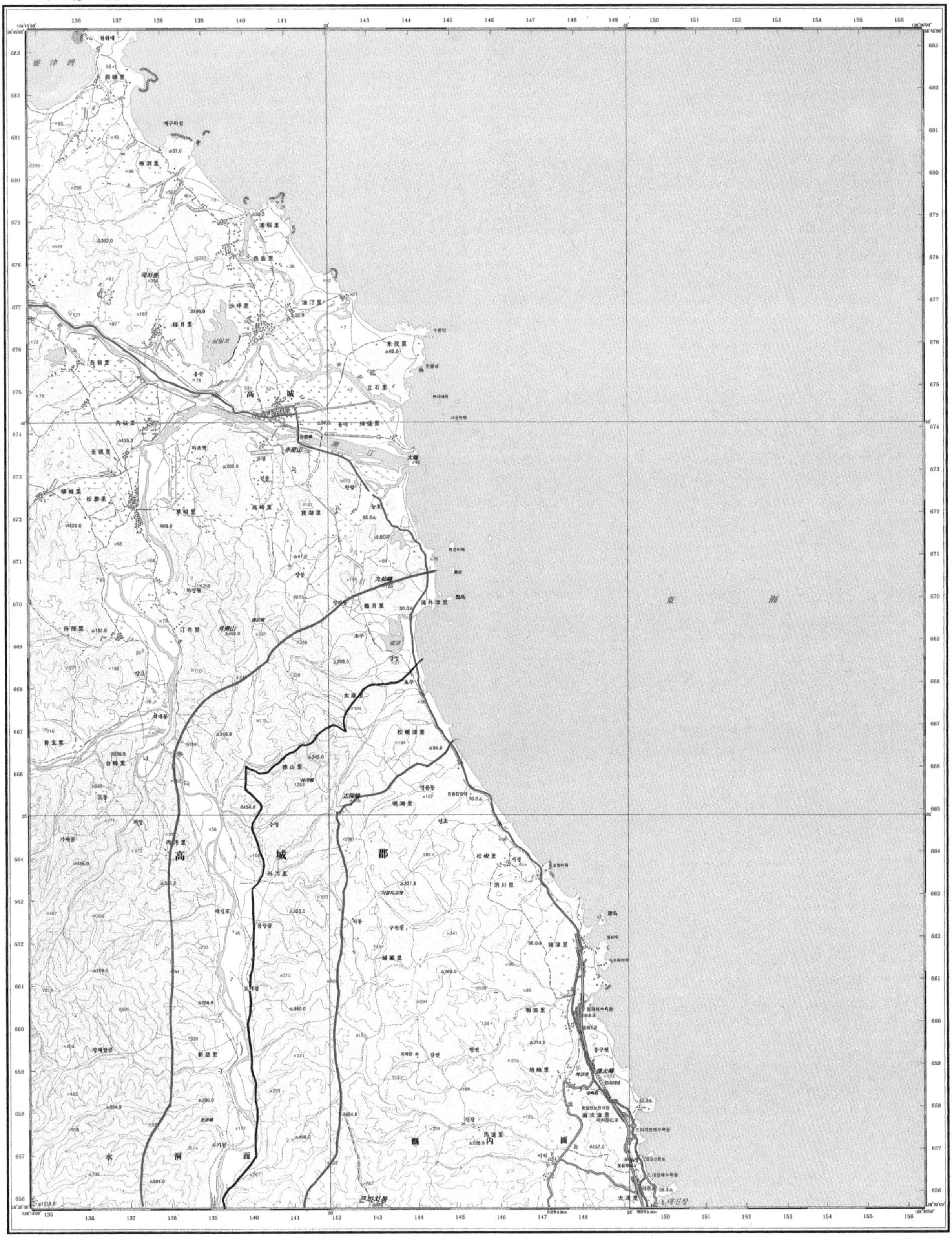

1975년 편집, 2012수정 (2009년 촬영, 2012년 조사), 2019년 인쇄

축 척 1 : 50,000 (1cm=500m)

국토지리정보원 http://www.ngii.go.kr

전면에 멀리 보이는 암골(岩骨)의 노두(露頭)들이 구선봉이다. 그 배후는 바로 고성읍과 삼일포 그리고 해금강이 이어진다. 월비산(459) 남쪽의 351고지, 그 동쪽의 208고지 바닷가까지는 필자가 소대장으로서 9개월간 종횡무진 누볐던 추억의 땅이다.

송도진리 통일전망대에서 남쪽을 바라본 모습. 수려한 시스택(sea stack)과 바다로 돌출한 압각(押岬:cape), 맑고 깨끗한 사빈해안과 밀려드는 파도, 배후산지의 짙푸른 수림 등이 어울린 조화로운 자연이지만 연안 초소와 철조망에 가로막혀 들어갈 수 없다.

금구교는 화진포에서 배출되는 기수(汽水) 하천에 건설된 교량으로 아름다운 삼중교이다. 동해는 여러 개의 해협에 둘러싸인 내해로 조수간만의 차이가 작아 기수의 효과를 관찰하려면 상당한 시간과 인내력이 필요하다.

동해는 북쪽으로 타타르해협 소야해협 쓰가루해협, 남쪽으로 대한해협 쓰시마해협이 둘러싸고 있는 일종의 내해이다. 조수간만의 차가 30cm에 불과하며 연안쇄파로 인해 조수간만의 차를 인식하기가 매우 어렵다.

이들은 모두 연안류의 표사漂沙현상으로 생성된 석호들이다.

비무장지대 내를 흐르는 남강은 동해안에서 비교적 규모가 큰 하천으로 태백산맥에 뿌리를 박고 북류한다. 남강 하구에는 파식작용으로 만들어진 20m 높이의 현무암 수직 주상절리가 해면에 무리지어 있는데 관동팔경 중 가장 빼어난 북한의 명승지 총석정이다.

한편 남강 유역은 범람원이 좁고 유역 대부분이 화강암 산지여서 모래가 많고 하천의 범람이 잦을 뿐더러 제방도 없어 농경지로서의 활용률이 낮다. 또한 대봉리와 같은 구시대의 하안단구 면에 민가가 입지하거나 산록완사면이나 계류천이 만든 선상지에나 취락이 입지한다.

비무장지대 북쪽 산지는 세계적으로 유명한 금강산이 펼쳐지며, 남쪽으로는 백두대간의 봉우리 중 하나인 향로봉(1,290) 산줄기가 설악산, 오대산으로 이어진다. 등줄 산맥이 한반도의 동쪽에 치우치는 경동지형으로 동해사면은 능선이 톱날같이 예리하고 계곡은 깊으며 산세는 대체로 험준하여 이름 있는 산과 오래된 절이 많다.

지질은 대체로 원생계의 준편마암 복합체와 중생대 쥐라기의 대보화강암류에 속하는 복운모화강암과 흑운모화강암의 발달이 현저하여 풍화가 극심하며 토사의 유출이 많다. 따라서 남강은 범람원의 발달이 미약하며 우기에는 수해가 빈발하여 범람원 활용이 부진한 실정이다.

특기할 만한 지형학적 가치가 있는 지형으로는 남강 하류부의 육계도화陸繫島化 지형 연합체가 있다. 충적세 초 옛 삼일만 앞바다에 산재했던 군도들이 남강과 온정천의 토사 운반으로 육지로 변하여 둔탁한 삼각주성 반도의 형식을 취하며 연합되어 오늘날의 범람원 지형을 형성하였다.

2. 후빙기 남강 삼각주의 신장과 유로 변천

극성을 부리던 뷔름Wurm빙기 전성기에 지구상 육지 표면적의 30%를 뒤덮었던 빙하는 약 1만 년 전에 극적으로 닥쳐온 지구적 온난화, 통상 후빙기 또는 간빙기라고 말하는 온난화로 거의 3,500년 동안 20%가 녹아내렸고, 육지 표면적의 10%가 20세기 중반의 빙하로 남게 되었다.

이후 산업이 보편화되면서 화석연료의 사용 증가에 따른 대기의 오염으로 온실효과가 발생하며 지구의 기온은 꾸준히 상승하였다. 이로 인해 그린란드와 남극대륙을 포함한 빙설기후지역에 남겨진 10% 빙하의 40%가량이 융해, 소실되면서 전 지구적으로 해면이 상승하기 시작하였다.

산술적으로 생각할 때 육지 표면적의 20%가 녹아 해면이 120m 상승하였다면 나머지 10%는 60m의 해면상승 효과가 있다. 이 중 40%라면 24m의 해면상승이 예상되는데 이는 우리 세대에 어떤 결과를 가져올지 우려된다.

본론으로 돌아가 남강 삼각주 신장 이전의 원초적 수륙분포를 보면, 가칭 삼일(포)만과 장전만, 초현만, 고봉만, 보호만, 영랑만 등이 복잡하게 분포한 리아스식해안을 이루었다. 이후 화강암 산지를 유역으로 한 남강과 온정천의 토사 유출로 신속하게 장전만과 초현만은 매적되고 두 하천은 연합하여 남강으로 통합된다.

남강의 진로가 삼일만이므로 삼각주의 발달은 삼일만 앞바다 오늘날 사평리 일대의 크고 작은 섬들을 육계화함으로써 삼일만은 삼일포로 지형변화를 이루어 가칭 고성군도의 크고 작은 섬 20여 개

남강 삼각주 위성사진에서 관찰되는 구하도 및 현재 유로

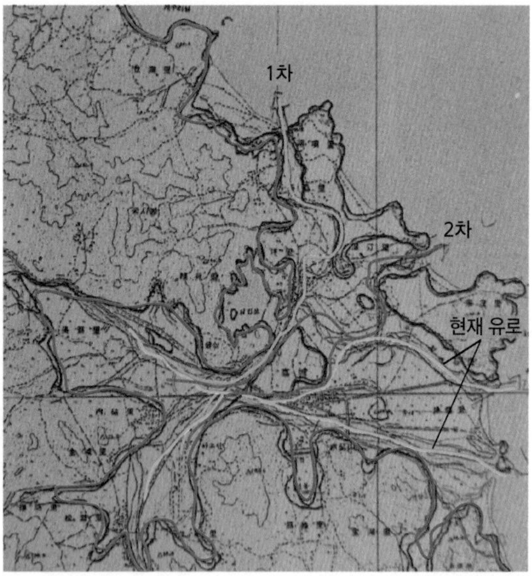

독부도상 남강 삼각주에 그려 넣은 후빙기의 가상 해안선(붉은색 선)과 유로 변경

를 육계화하여 남강 삼각주를 완성하는 지형 진화와 발달을 이룬다.

남강 상류와 온정천 상류지역에 상상을 초월하는 집중호우가 있어 산사태와 더불어 많은 토사가 일시에 유출되며 합류점 부근에 거대한 토사를 퇴적하여 남강의 유로에 급변사태의 지형변화를 유발한다.

또다시 남강의 유로는 변하여 엄청난 유세로 하상을 굴식掘蝕하며 적벽강 좌안을 깎아 하구는 봉수리 남쪽으로 이동한다. 이후 오늘날의 대봉大峰섬을 중심으로 하구가 남북으로 갈라지며 삼각주의 자연사는 일단락되었다. 지형 진화 개념도의 내용을 요약하면 대략 다음과 같다.

A : 후빙기 해면이 최고로 상승된 시기 대략 7,000~6,500년 전의 가상 해안선임. 신계천을 합류한 온정천은 독립된 하구를 나타내며 장전만으로 유입된다. 남강은 초현만에 독자적인 하구를 가진 하천으로 동해에 유입된다.

B : 남강과 온정천은 신속하게 독자적인 만구를 매적하고 남강에 합류하여 삼일만 앞바다로 삼각주를 확대한다. 이어 사평리의 섬들을 육계화陸繫化하고 삼각주를 계속 확대해 나간다.

C : 마침내 삼일만을 석호潟湖로 만들고 삼각주는 장도를 육계화하며 북진을 계속한다. 포항리에 하구를 둔 남강은 하천이 범람할 때마다 막대한 토사를 운반하여 작은 섬들을 육계화하며 자연제방을 만든다. 그리고 대홍수 때마다 유로를 바꾸어 간다. 남강은 유로를 바꿔 낭정리 남쪽

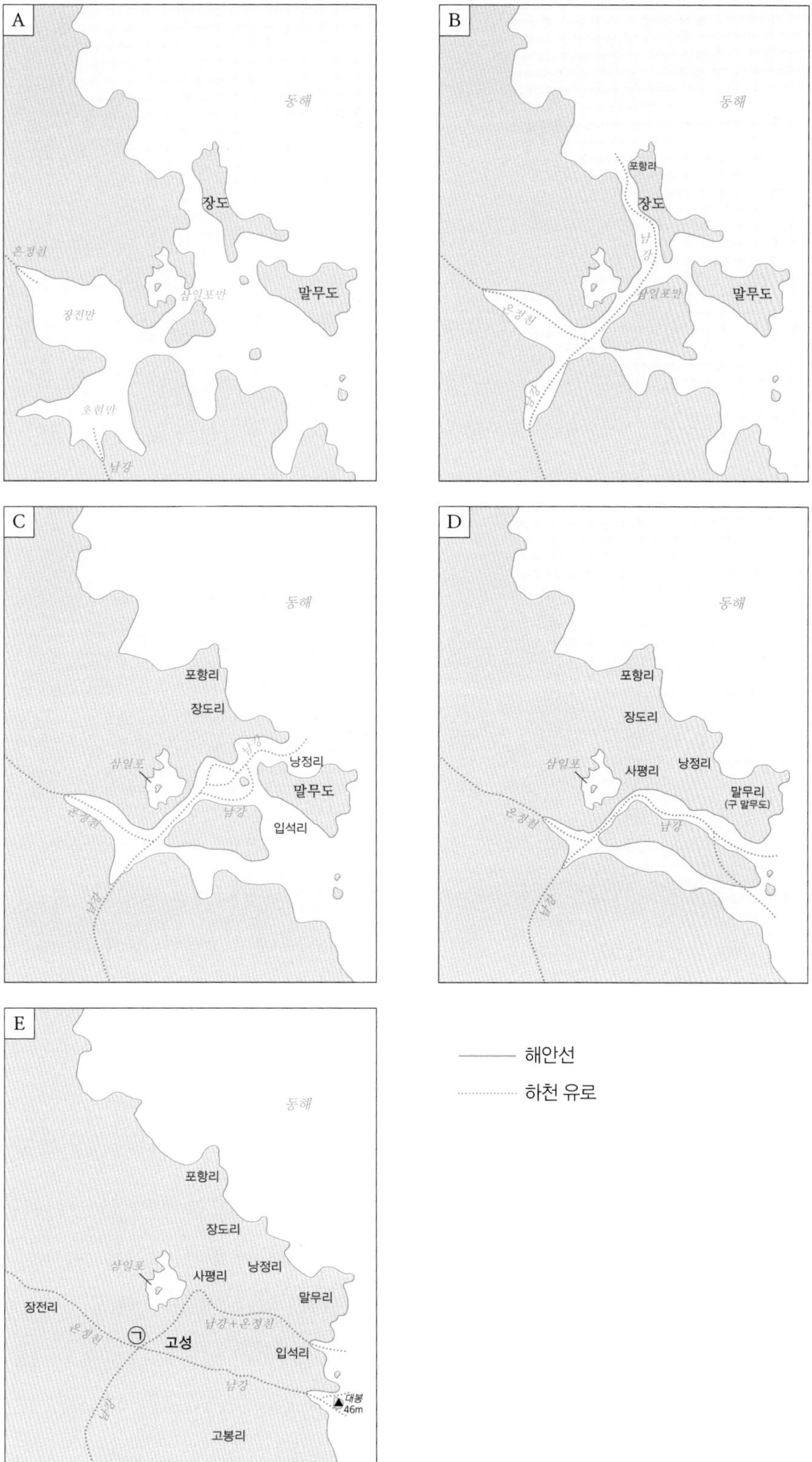

남강 삼각주의 지형 진화 개념도

에 하구를 두며 하천이 범람할 때마다 인근의 크고 작은 섬들을 육계화하며 삼각주를 계속하여 확대해 나간다.

D : 일대 최대의 섬 말무도를 육계화하고 남강은 입석리 남쪽과 봉수리 사이에 하구를 둔다.

E : 천지를 개벽하는 대홍수로 퇴적물이 ㉠ 하도에 쌓여 유로는 우회전을 하고 적벽강 대봉에 하구를 둔다.

현재의 하천 지형을 살펴보면 신계천은 온정천의 지류이며 온정천 또한 남강의 지류일 뿐이다. 그러나 남강과 온정천이 연합되는 과정에서는 망상하천과 하천쟁탈stream piracy 현상도 있었으며 유세가 강한 남강이 승리하였다고 보겠다. 즉, 남강의 유로 변천사로 통합하여 결론지을 수밖에 없다.

이상이 남강과 신계천의 자연사이며 후빙기 해면이 고정된 7,000~6,500년 전 이후의 새로운 지형 형성 과정을 설명하는 지형형성사이다.

3. 기후와 식생

비무장지대의 기후를 도폭별로 설명한다는 것은 사실상 무리하다. 왜냐하면 한국의 기후는 관북형, 관서형, 개마고원형, 중부내륙형, 서해안형, 동해안형, 남해안형, 제주도형 등으로 나누어진다. 이 중 중부동해안형, 중부내륙형, 서해안형, 서부내륙형을 비무장지대와 관련하여 논할 수 있으나 도폭별로는 한정된 기상관측소와 네모꼴의 인위적 공간이라는 제약 때문에 불가능하다.

그래서 동해안의 고성과 간성은 속초의 관측치를 적용하고, 서화와 방산은 다소 거리감이 있으나 인제의 관측치를 적용하며, 금성은 춘천의 관측치를, 김화와 내문, 철원은 철원의 관측치를, 왕징은 동두천의 관측치를, 문산과 개성은 서울의 관측치를 적용하여 설명하고자 한다.

기후표는 1951~1980년까지 30년간 관측치와 1981~2010년까지 30년간 관측치로 나누어 작성하였다(관측치는 기상청의 한국 기후표에 의함). 또한 20세기 후반부터 오늘에 이르는 극심한 기후변화, 소위 말하는 게릴라성 집중호우와 연평균 기온의 상승을 감안하여 일부 지역은 중복형의 기후표를 작성하였다. 다소의 이상은 국지성局地性으로 이해하기 바란다.

동해안은 난류 구로시오黑潮의 지맥인 동한해류가 연중 북상하며 기후가 온화하여 영동지방의 바닷가 야산지대에는 조릿대인 산대나무가 자생하는 온대기후로 평가되었었다. 그러나 오늘날에는 산업재해의 영향으로 대기가 오염되고 빙하가 축소되는 등 기후변화가 가속화되면서 아열대 북부 변

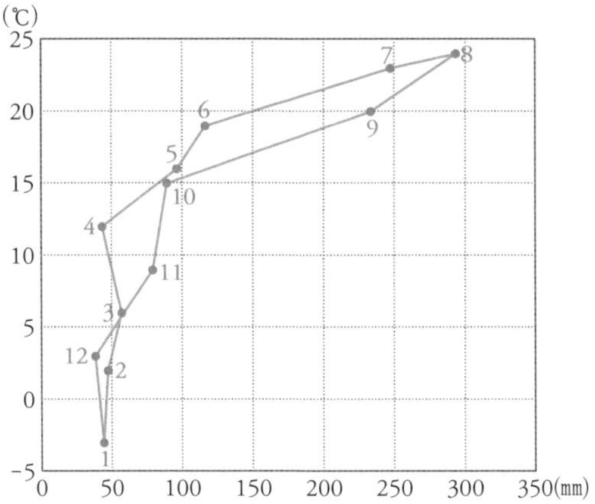

고성과 간성의 클라이모그래프(속초의 관측치 적용)

1월	2월	3월	4월	5월	6월	7월	8월	9월	10월	11월	12월	전년	기상대 위치	높이
-3	2	6	12	16	19	23	24	20	15	9	3	12.2℃	38°15′N	H
44	47	57	43	96	116	247	293	233	89	79	38	1,422mm	128°33′E	18m

동해의 영향을 받아 위도에 비해 기후는 온화하며 강수량은 비교적 많다. 건기는 1, 2, 3, 4, 12월이며 우기는 7, 8, 9월이다.

두리성 기후로 이행하는 과정에 있다. 과수의 재배 환경이 북상하고 재배 작물과 임상林相이 변하는 등 식물상植物相에 변화가 나타나고 있다.

4. 비무장지대 내 거민의 흔적

도폭 내 비무장지대 중앙분계선에 근접해서는 강정江亭, 초구草丘, 송도진리松嶋津里가 각기 20호 내외의 농어촌으로 발달해 있고, 중앙분계선 북쪽으로 포외진리浦外津里, 감호鑑湖 북안의 감월리鑑月里, 동해선 철길 서쪽으로 성자동成子洞에 많은 주민이 살고 있었다.

내륙으로 들어가면서 대강리大康里에 20여 호 덕산리德山里에 30여 호가 들어서 있었다. 이처럼 거민이 적은 것은 험준한 산지의 발달로 경지 개발에 어려움이 있었기 때문이며, 이와 같은 개념은 전 도폭에 걸쳐 비슷하게 적용되었다.

여기서 중앙분계선은 수령을 넘어 외면리外沔里에 20여 호, 백일포白日浦와 불당골佛堂洞에 10여 호, 토기점土器店에 10여 호가 입지하였고 다시 남쪽으로 계속된다.

이상의 마을들은 남강 우안의 완만한 산록완사면과 하안단구에 입지한 촌락들이다. 깊은 협곡인

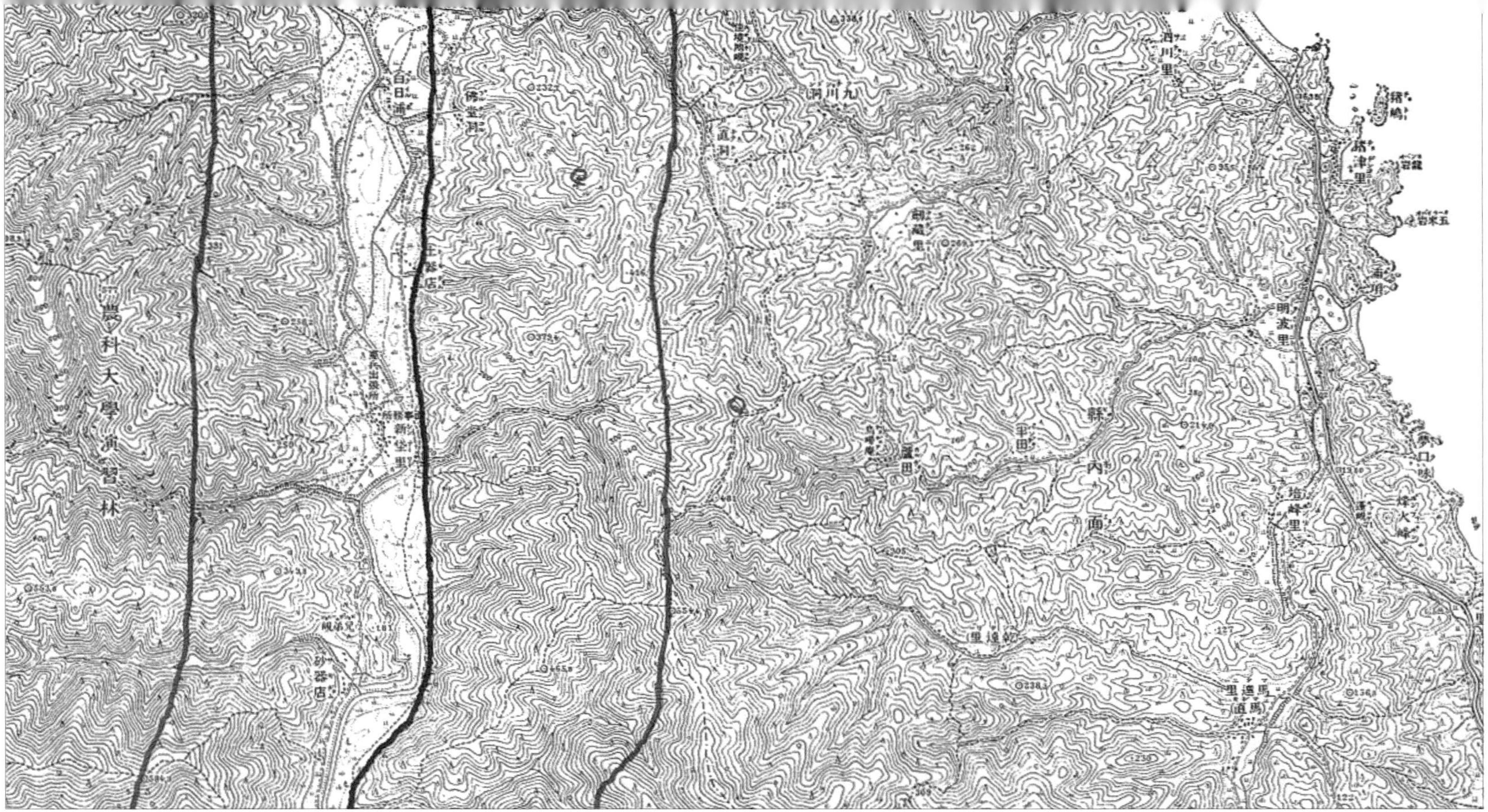

독부도의 고성 도폭. 100년 전의 비무장지대 민거를 중심으로 지명과 한문 표기를 참고하기 바란다.

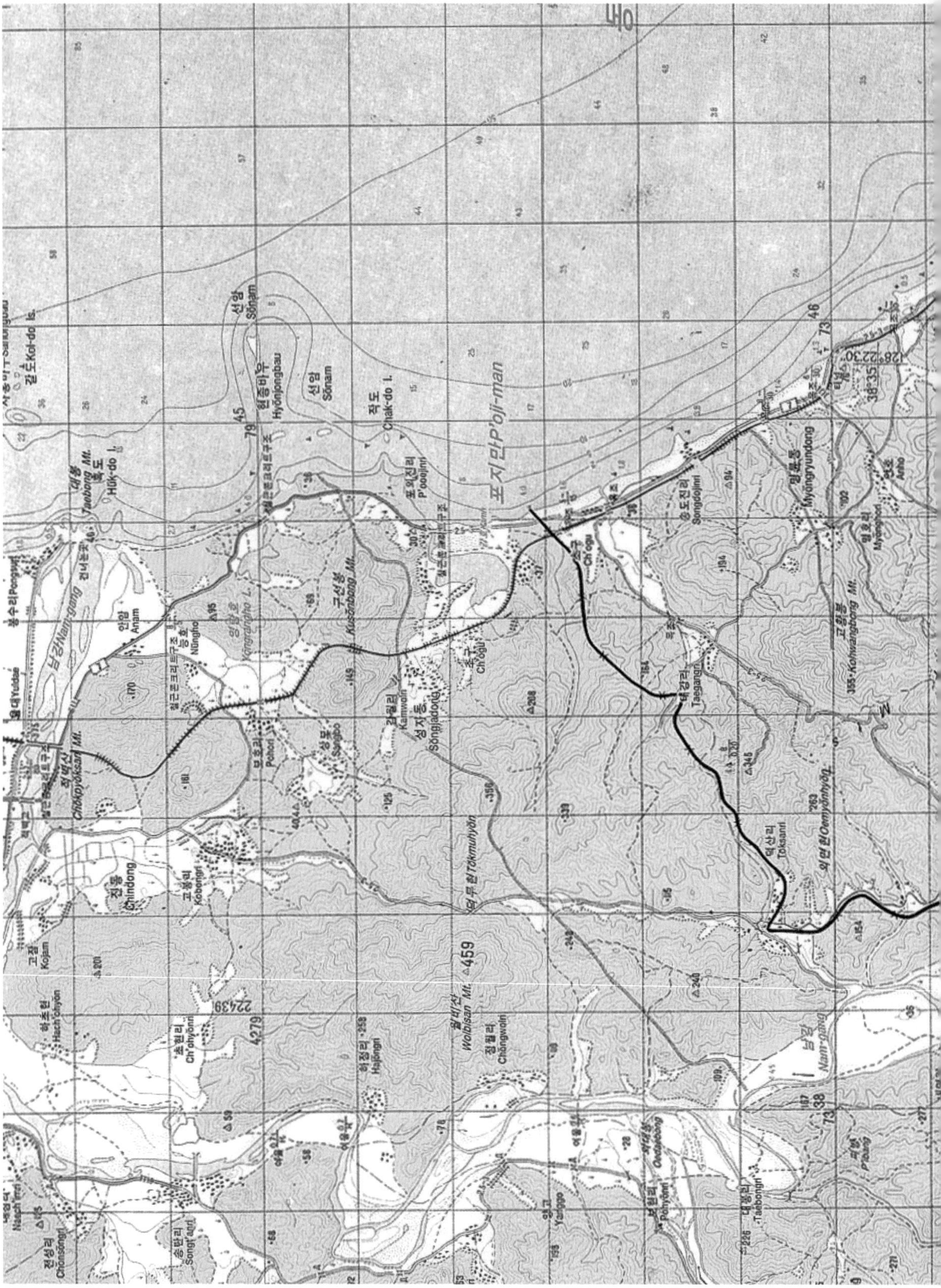

포지만P'oji-man
남강Nam-gang
구선봉 Kusŏnbong Mt.
월비산 Wolbisan Mt.
적벽산 Chŏkpyŏksan Mt.
고황봉 Kohwangbong Mt.
진동 Chindong
성지동 Sŏngjadong
명륭동 Myŏngryundong
흑도 Hŭk-do I.
적도 Chak-do I.
선암 Sŏnam

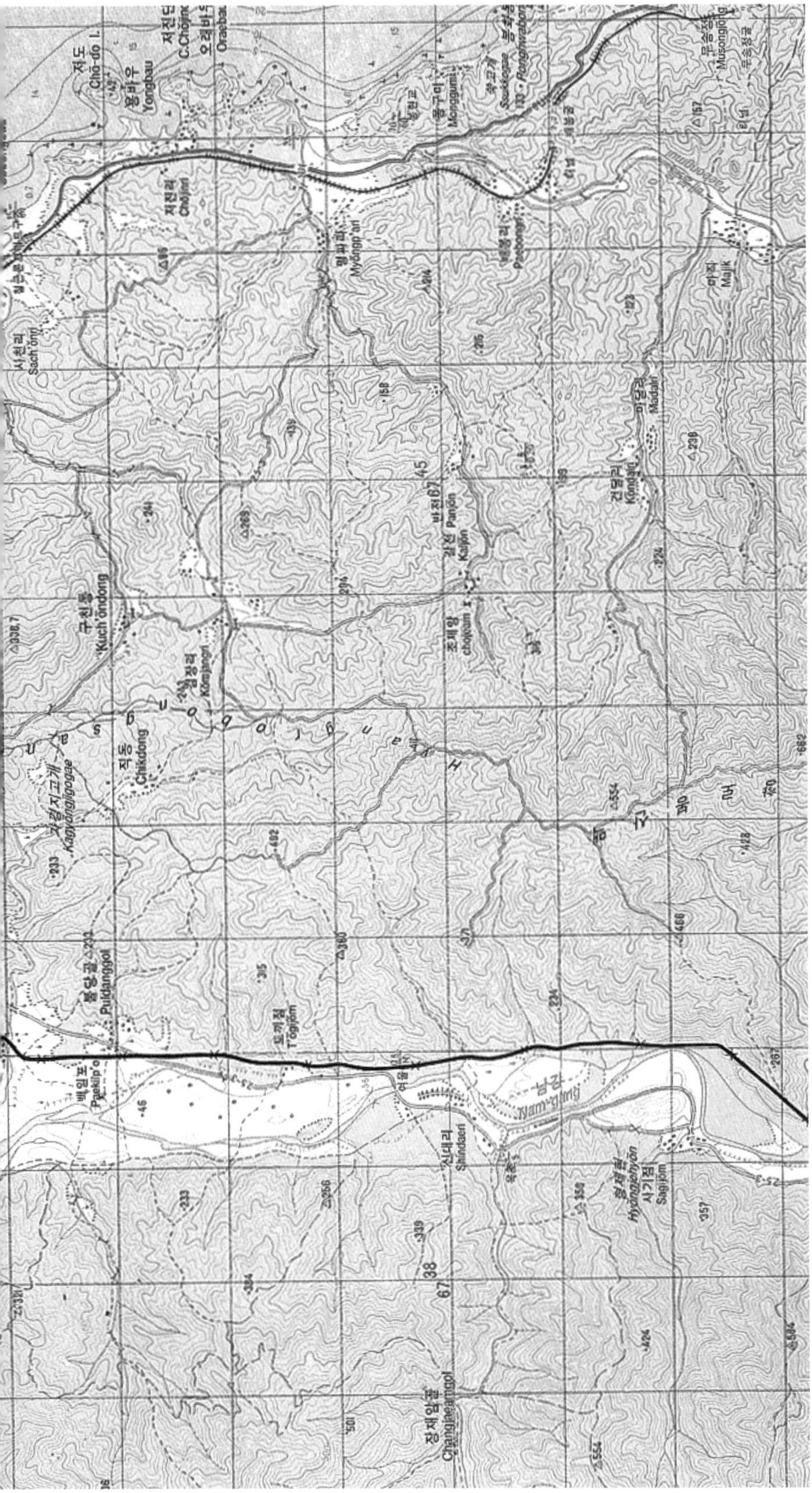
저도
Ch'o-do I.
용바우
Yongbau
사천리
Sach'onri
저진리
Chojinri
명파리
Myongp'ari
구천동
Kuch'ondong
김장리
직동
Chikdong
가경지고개
Kagyongjigogae
반전
Panjon
마달리
Madari
마직
Majik
불당골
Puldanggol
토기점
T'ogijom
백일포
Paekilp'o
남강
Nam-gang
신대리
Shindaeri
장재암골
Changjaeamgol

북소도의 고성 도폭

장재암골의 선상지 선앙부扇央部에 입지한 신대리新垈里는 수동면水洞面 소재지였고, 여기서 형제현을 넘어 사기점砂器店 남방 1km에서 민거는 끝난다.

5. 비무장지대와 연계 가능한 관광자원

본 도폭 내 중요한 관광자원으로는 휴전선 전망대의 시작이자 종착지인 고성통일전망타워, 6·25 전쟁사를 일목요연하게 읽을 수 있을 뿐 아니라 DMZ의 자연을 있는 그대로 볼 수 있는 DMZ박물관이 있다.

고성 도폭 남쪽의 간성 도폭에도 연계 가능한 관광자원들이 있다. 작은까치봉 동쪽 8km에 거대 석호 화진포가 있는데 그 바닷가에 김일성 별장, 후일 화진포와 북호 사이에 자리 잡은 이승만 별장, 화진포해양박물관 등이 들어서 있다. 건봉령 동쪽 곡두분지에는 보림암과 봉암암, 건봉사와 부도군, 사명대사상, 거진항 등이 자리 잡고 있다.

본 고성 도폭에서 특기할 바는 서부 인접 도폭이 세계적으로 유명한 금강산 내금강 도폭이라는 것이다. 필자는 소대장 시절에 외금강, 내금강, 신금강의 영봉들이 바라보이는 곳에서 군 생활을 했다. 그중에서도 외금강의 집선봉과 자하봉, 내금강의 차일봉과 호룡봉을 바라보며 까치봉에서 일과를 시작했었다.

금강산 관광 루트는 영동지방에서 진입하게 되면 해금강을 우선적으로 관광하는 것이 일반적이다. 해로로는 배를 타고 적벽강(남강 하류부의 별칭)으로 진입하는 것이 가장 이상적이다. 육로는 입석

고성 송도진리 민간인 통제구역 내에 있는 고성통일전망타워. 이 일대는 육군 소위로서의 첫 근무지로 잊을 수 없는 아름다운 추억과 낭만 그리고 생사의 갈림길을 체험한 추억의 고장이기도 하다.

고성 송현리 DMZ박물관. 입구 분위기도 좋고 입장료가 없다는 것이 매력적이다. 내부에 들어가면 6·25 전쟁사를 일목요연하게 읽을 수 있을 뿐 아니라 DMZ의 자연을 있는 그대로 볼 수 있다.

이승만 초대 대통령 기념관은 남호에서 북호로 건너가는 화진포교 남동쪽 양지바른 언덕 동사면에 자리 잡고 있으며 남북 석호를 모두 바라볼 수 있는 위치이다.

장평 화진포 해변에 돌출한 산지 언덕 북쪽 산허리에 입지한 김일성 별장은 안보 교육을 위해 6·25 남침 전쟁 및 여러 북한 관련 사료들을 전시하고 있다.

화진포 기수역 좌안에 건설된 해양박물관은 동해안에서 산출되는 어패류의 표본 수천 점을 전시하여 해양생물 연구의 일대 전기를 마련하였다. 주차시설을 비롯한 모든 편의시설이 완벽하였다.

필자가 1951~1952년에 소대장으로 근무하면서 보아 왔던 거진항. 그동안 눈부신 발전을 이룬 모습에 가슴이 벅찼으며 국력 신장을 확인할 수 있었다.

리 주차장으로 진입하여 말무리로부터 시작하며 봉수리(현재 해금강리)에 이르게 된다.

금강산의 중요한 관광자원은 다음과 같다. 먼저 금강산 북쪽 통천 바닷가에는 총석정叢石亭이라 불리는 이름난 주상절리군이 있다. 현무암 주상절리 절벽을 비롯해 그 앞에 해파의 침식을 받아 20~40m의 간격으로 서 있는 거대한 수직 주상절리 기둥들로 기경을 이룬다. 또 다른 볼거리로는 화강암의 구상球狀 절리가 해파의 침식으로 둥글둥글하게 다듬어진 53불암을 비롯한 해만물상과 용머리바위 등이 있다.

다음으로 볼 만한 경관은 약 6~7천 년 전 삼일만 앞바다에 산재하던 섬들을 남강이 운반한 토사로 육계화한 삼각주성 지형 전개이며 이곳의 취락들은 지난날의 섬을 배경으로 양지바른 곳에 입지한

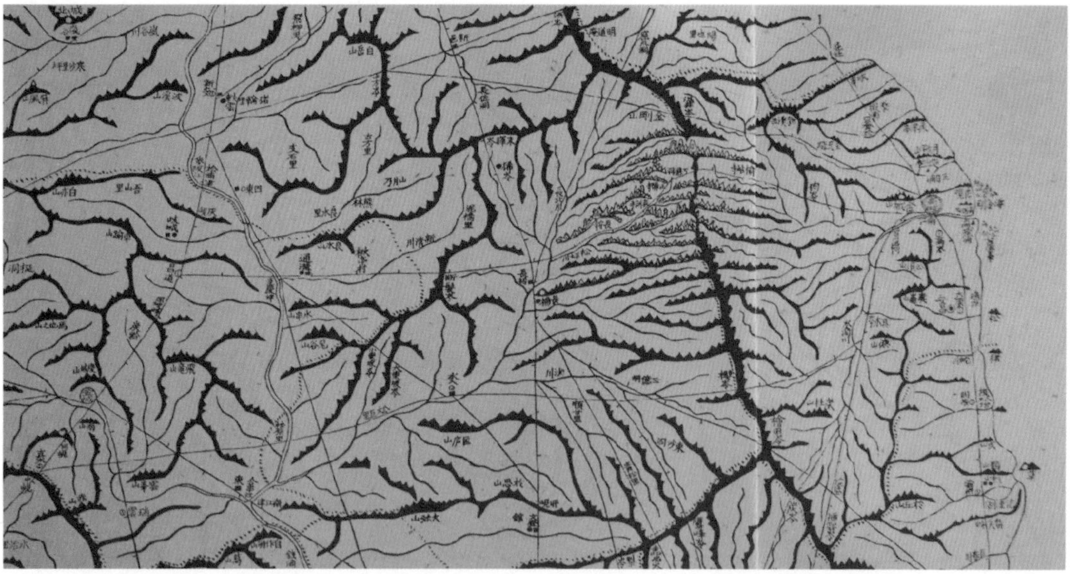

대동여지도에 나타난 금강산 일대 모습

고성군 관광지도 속 금강산 일대 모습

삼일포 전면 남강 하구의 삼각주성 지형 전개 모습이 잘 나타나는 성지문화사의 그림지도

총석정은 바닷가 현무암 수직 절벽과 그 앞에 서 있는 높이 25m의 거대한 현무암 주상절리 기둥들로 절경을 이룬다.

총석정 주상절리 수직벽에는 해파의 침식으로 생긴 기묘한 동굴들이 많다.

노를 젓는 소형배를 타고 촬영한 총석정의 기경. 현무암의 냉각과정에서 만들어진 현무암주 사이를 누비면서 총석정을 감상하는 것은 천하에 더할 수 없는 감동의 세계로 이끌어 준다.

일종의 석호(潟湖) 기원인 삼일포(三日浦)는 화강암의 구상풍화가 만들어 낸 주변 산지 및 호중도와 더불어 관동 8경 중 으뜸이다.

한겨울의 삼일포 전경(상). 봉래대에서 바라본 얼어붙은 삼일포 모습. 중앙의 정자가 사선정(四仙亭)이며 온통 화강암의 구상풍화로 둥글둥글한 산지와 호중 부도(浮島)가 이색적이다(하). 2009년 1월 24일 차남 인명이가 금강산 답사 당시 촬영하였다.

모습이다. 삼일만이 석호화되어 형성된 삼일포三日浦는 화강암의 구상풍화가 만들어 낸 주변 산지와 호중도 등이 만들어 낸 비경으로 유명하며 관동 8경 중 으뜸인 곳이다. 삼일포 서안에는 금강문, 연화대, 봉래대, 장군대 등 볼거리가 있으며 삼일포 안에 있는 호중도도 있다.

본격적으로 금강산을 관광하기 시작하면 온정리를 통과하여 만물상을 보게 된다. 다시 온정리에서 남진하면 구룡연폭포 지역에 이르게 되며 금강문을 지나면 바로 옥류동 염주담, 비룡폭포와 상팔담에 이른다. 이들 계곡에서는 수마작용에 의한 기경을 관찰하며 노자의 "유약한 물이 굳은 바위를 공격한다"는 말을 되새겨 보게 된다.

天下幕柔弱於水而攻堅强者幕之能勝以其無以易之弱之强柔之勝剛天下幕不知幕能行

이를 해석하면 세상에 물처럼 유약한 것이 없지만 물은 능히 굳고 강한 것을 공격하며 이길 수 있는 힘이 있다는 것이다. 약하고 부드러운 것이 강한 것을 이기며 유약한 것이 견고한 것을 이길 수 있다는 것은 놀라운 진리라고 할 수 있다. 그리고 이것이 경이로운 자연경관을 만드는 데 큰 역할을 한 것이다.

빗물이 모여 시내가 되고 시냇물이 모여 강물이 된다. 강물은 높은 곳을 깎아 내려 낮은 곳을 메우며 대지는 꾸준히 삭평형削平衡된다. 추녀 물이 오래된 사찰의 댓돌을 뚫듯, 유약한 계류천은 굳은 화강암을 깎고 다듬어 상팔담이나 구룡연 같은 폭담瀑潭을 만들었으니, 금강산의 경이로운 경관도 오랜 세월에 걸친 풍화작용의 일환으로서 수류水流가 이룩한 대지大地의 조각임을 그 누가 아니라 할 것인가?

구룡연폭포는 폭포가 만들어 낸 폭담 9개에서 그 이름이 유래되었다. 폭담이란 폭포가 운반한 모난 돌을 연장으로 와류渦流가 단지 모양으로 하상을 파내려 간 일종의 구혈pothole을 가리키는데 이곳에는 유점사의 53불과 싸워 패하고 달아나던 9마리 용이 이들 심연에 숨었다는 전설이 서려 있다. 그래서 이들 폭담을 구룡연이라 하며 이것을 만들어 낸 폭포를 구룡연폭포라 부르게 된 것이다.

만약 내금강으로 가는 길이 열린다면 서울에서 경원선을 이용하여 철원에 이르고 여기서 금강산 전철을 갈아타고 학저수지 북쪽 변두리를 지나 김화읍에서 북동진하며 창도(옛 김화군 통화), 화계, 단발령을 지나 말휘리를 거처 내금강역에서 하차하게 된다. 내금강 지역은 구성구역九成區域, 만천구역萬川區域, 만폭구역萬瀑區域, 망군대구역望軍臺區域, 명경대구역明鏡臺區域, 백운대구역白雲臺區域, 비로봉구역毗盧峯區域, 태상구역太上區域 등이 펼쳐진다.

비로봉에서 내려오는 물줄기가 만들어 낸 외금강의 구룡연폭포. 워낙 규모가 커서 크고 작은 9개의 폭포와 폭포 아래 폭담들 중 위쪽 두 단만 한눈에 보인다.

외금강 만물상구역에 있는 눈 덮인 귀면암(鬼面岩)의 모습. 화강암의 구상풍화와 방상절리가 만들어 낸 괴이한 모습의 화강암주는 보는 각도에 따라 여러 가지 모습을 보여 준다.

만물상의 정상 천녀봉. 금강 제1의 관문이라는 석문(금강문)을 지나면 천선대가 나타나는데 이곳이 천녀봉의 산봉우리이다. 뾰족함이 마치 빙식지형을 연상시킨다.

1930년대 장안사 전경. 장안사는 내금강에서 제일 먼저 만나는 큰 절로 신금강의 유점사와 더불어 금강산의 2대 사찰에 속한다. 신라 23대 법흥왕의 요청으로 진표율사(眞表律師)가 창건했다고 전해지고 있다.

장안사에서 표훈사로 가는 도중 배재령(拜再嶺)을 왼쪽에 보며 백화암(白華岩)으로 가는 길목에 있는 삼불암(三佛岩). 높이 8m의 거대한 삼각형 바위 한쪽 벽면에 삼불이 새겨져 있으며 오른쪽이 미륵불, 가운데가 석가불, 왼쪽이 아미타불이다.

고려 시대에 새겨진 묘길상(妙吉祥). 만폭동 골짜기 마하연(摩訶衍) 터 아래 계곡을 오르면 내무재령(內霧在嶺) 1km 못 미쳐 거대한 암벽 면에 결질부좌(結跌扶座)한 아미타불이 높이 16m로 조각되어 있는데 이는 금강산 최대의 불상이라고 한다.

53불이 있던 1920년대의 유점사(楡岾寺) 전경. 경내에 떡갈나무가 많은 데서 이름이 유래하였다. 신라 때 창건된 사찰로 40여 차례 화마를 입었고 조선 중기에 다시 지어졌다. 6·25 전쟁 때 파괴되어 현재는 터만 남았다.

유점사 대웅전과 9층 석탑. 유점사 대웅전 바로 앞에 세워진 9층 석탑은 날씬한 몸매를 자랑하는 국보급 석탑이었다.

정양사 반약전에 소장된 반약경(般若經)과 앞뜰 광장에 세워진 오중석탑(五重石塔), 석등 등은 신라시대 유적으로 모두 국보급이다.

적벽강(남강 하류부의 별칭)에서 고풍스러운 승용차를 싣고 해금강으로 향하는 뗏목의 모습으로 보인다.

6. 전쟁터에서도 빛난 농어촌 출신 병사들의 지혜

필자의 소대장 시절 첫 근무지는 향로봉 산맥의 큰까치봉(742)이었다. 부대 교대를 위해 1m 이상의 적설이 있는 현지로 이동하기도 하였고 적설량이 너무 많아 피아가 작전상 전혀 움직일 수 없는 상황에 처해 최일선의 낭만도 경험하였다.

다음으로 이동한 곳은 악명 높은 전적지 월비산(459) 동쪽 덕무德武고개와 연결된 351고지인데 적전초 진지와의 거리는 불과 70m였다. 교교한 달밤이면 적군이 아군 진지를 향하여 노래자랑을 제의하기도 했다. 결과는 상스러운 욕이 교환되고 박격포 세례가 오간다. 쥐 죽은 듯 고요함이 흐른 뒤 피해 보고와 동시에 비겁하다고 야유를 하며 혹시나 있을 적의 기습작전 경계강화 명령을 하달한다. 이것은 달 밝은 밤 향수를 자극하는 심리전이며 낮에는 장난기가 발동해 막대에 철모를 얹어 교통호에서 살짝 내미는데 금시 총격이 가해지고 철모에는 구멍이 뚫린다.

어려운 최일선의 상황을 고려해 351고지와 208고지에서 1개월씩 교대로 근무하기도 하였다. 208고지 근무는 동부전선 최동단으로, 가끔 바다로 나가 미역과 조개, 톳, 말똥게를 잡아오기도 하였다. 한번은 구선봉 돌산에서 직사포 포탄이 날아와 얼떨결에 물에 잠기는 바닷가 큰 돌 사이에 엎드려 있다가 포탄 세례가 멎은 뒤 참호로 되돌아온 기억도 있다.

논에는 전란으로 추수하지 못한 벼 이삭이 그대로 고개를 숙이고 있어 병사들이 대검으로 잘라 진지로 돌아왔다. 땅에 구멍을 파고 모래로 적당히 채운 다음 철모를 놓고 곡괭이 자루로 쌀을 찌었으며 물에 불려서 다시 철모 속에 넣고 찌어 가루를 만들고, 개인 천막 모기장을 두 겹 겹쳐 채를 쳐서 훌륭한 떡가루를 만들었다. 얼마나 재주들이 비상하며 지혜가 넘쳐나는지 건빵으로 속을 넣고 송편을 빚어 솥에 쪄 냈다. 천하에 못 할 것이 없는 병사들을 보니 소대장인 필자도 내심 뿌듯했다. 이들은 일단 전투가 벌어지면 민첩하고 용맹스러운 맹수 같은 전투원으로 돌변한다.

이런 일들이 야전 방어 전투의 낭만이며 잠시나마 고향 생각을 잊게 하는 양약으로 병사들의 사기를 높여주고 상하 간의 신뢰를 깊이 하며 언제 어느 시각에 발생할지도 모를 전투에 대비해 전투력을

동기생 고시광 소위(우측)가 351고지로 찾아왔다. 후일 고 소위는 대령으로 승급하여 연대장이 되어 부대를 지휘하였다.

동기생 서흥택 소위(우측)가 351고지로 찾아왔다. 안타깝게도 351고지 전투에서 부상을 입고 후송되어 예비역에 편입되었다.

향상시키는 지름길이라고 생각하였다. 대학을 갓 나온 25세의 애송이 자연지리학도가 신예 과학지식으로 무장하고 자부심도 매우 컸지만 남해 낙도와 농어촌 출신 병사들에게서 배우고 얻은 지식은 학문의 세계와는 또 다른 감동의 연속으로 이들을 사랑하고 신뢰할 수밖에 없었다.

안타깝게도 비전투 손실을 가져오는 일도 발생하였다. 봄철 산나물 채취 과정에서 지뢰를 밟아 두 발을 잃는 불상사나, 가족사진이나 애인의 편지 등을 젖지 않게 간직할 비닐봉지를 얻기 위해 포탄을 분해하다가 폭발하는 사고도 발생하였다. 소대장에게는 가장 가슴 아픈 순간이기도 하다.

7. 부대 신문에 야전에서의 망기 관측법 연재

'일심'이란 부대 신문에 야전에서의 망기 관측법을 5회나 연재했었다. 지금 생각하면 아무도 이해하고 참고할 만한 가치가 없는 엉뚱한 글로, 이러한 이색적인 글을 쓴 사람도 실어준 사람도 고소苦笑를 금할 수 없는 일이다. 사단장이나 군단장이라면 생각해 볼 여지가 있겠으나 연대 단위 이하에서는 참고될 수 없는 내용이다.

요약하면, 항해자의 입장에서 바람 방향으로 고기압과 저기압의 위치를 파악하고 기단氣團의 성질과 닥쳐올 기상 상태를 예측함으로써 전략 단위의 지휘관은 전쟁의 승패를 가름할 수 있다는 것이었다. 하지만 6·25 전쟁 같은 국지전에서는 소설과 같은 이론 전개에 불과한 것이다.

연대부관 임지수 대위는 학자로서의 서무송 소위를 늘 아끼고 도와주었다. 그러나 군문을 떠난 후 김수배 군목과 더불어 다시 만날 기회는 주어지지 않았다.

그러나 이 신문의 내용을 5차에 걸쳐 열심히 읽어 준 분이 있으니 바로 연대부관 임지수 대위이다. 호국군 출신 장교인 임지수 대위는 한때 중학교 국어과 교사였다. 추측하건대 '어! 우리 부대에 학자 소대장이 있네. 신변의 안전을 지켜줘야겠다.'고 생각하신 모양이다. 필자는 영문도 모르고 연대본부 부관실 인사행정장교의 보직을 받았다. 그런데 기관총 소대장으로 함께 배속되어 지낸 7중대장 김영헌 대위가 재미있는 지구과학 이야기를 듣는 즐거움을 뺏어 간다고 2대대장 정인순 중령을 부추겨 전출을 강력히 반대하였다.

연대본부 부관실 근무 중 소문이 이상한 방향으로 흘렀다. 서울대학교 문리과대학 지질학과 출신 통역장교 장모 중위와 최모 중위가 서무송 소위는 엄청난 지질학자라고 허풍을 날린 모양이었다. 하루는 인접 부대의 미 군사고문관이 야전용 모래주머니에 광석을 담아 가지고 찾아왔다. 차돌 아연광맥 속에 드문드문 황철광이 보이는 원광석이었다. 나는 모스Moth의 경도기 응용방법으로 주머니칼을 꺼내 칼끝으로 누런 광석면을 긁으면서 긁히면 금광이고 안 긁히면 아니라고 빙그레 웃으면서 쳐다보니 아쉬운 표정을 지으며 가 버렸다.

제2장

간성(杆城) 도폭

〈연구에 이용된 도폭〉

- 현용도의 간성(杆城) 도폭
- 독부도의 간성(杆城) 도폭
- 북소도의 고미성리(姑味城里) 도폭

1. 지리적 위치와 지질·지형

간성杆城 도폭의 수리적·절대적 위치는 38°15′~30′N, 128°15′~30′E이며, 행정적 위치는 북쪽이 강원도 고성군 수동면, 현내면, 거진읍, 간성읍, 죽왕면, 토성면이고 남서쪽은 인제군 북면, 서화면으로 모두 8개 읍면에 해당한다. 비교적 위치는 북동부가 동해에 접하며, 도폭의 중심부에 짧은 향로봉 산맥이 NE-SW의 주향으로 발달하고 있는데 그 최고봉은 향로봉(1296)이다.

비무장지대는 중앙분계선이 대체로 도폭의 북서부 고성군 수동면에서 발원한 남강을 지나고 남북으로 각각 2km에 남·북방한계선을 둔다. 특별한 지형으로는 고성군 현내면과 거진읍에 반반씩 걸쳐 있는 거대한 석호 화진포가 있다.

지표 지질은 대체로 원생계의 화강편마암과 중생계인 대보화강암류가 주축을 이루며 도폭의 북동부에는 변성사질암류가 발달한다. 화강암 산지는 풍화 생성물인 토사의 유출이 많다.

간 성 (杆 城)

1 : 50,000 지형도 도엽번호 NJ 52-05-18

간성(Ganseong)

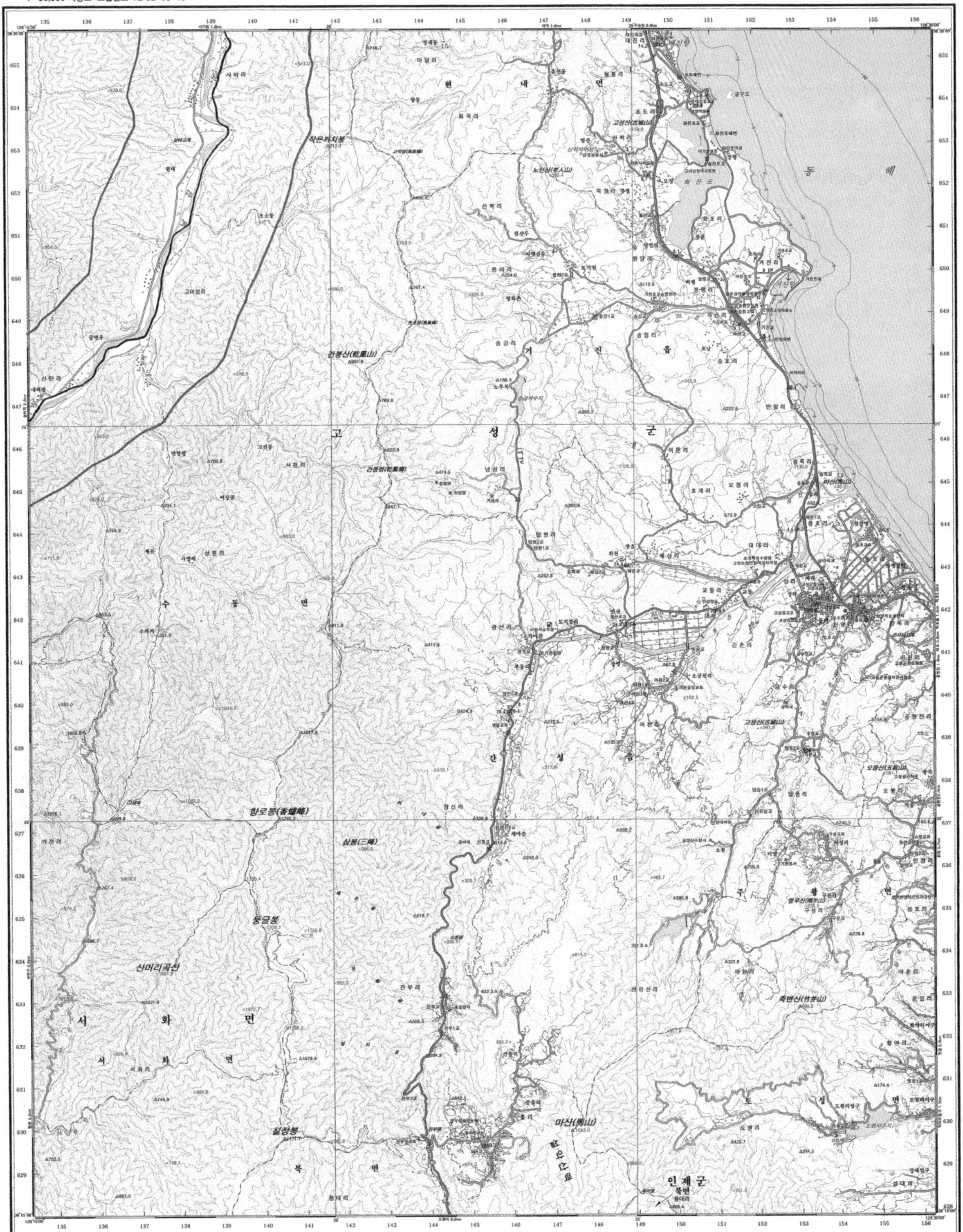

1975년 편집, 2017년 수정 (2015 촬영, 2017년 조사), 2019년 인쇄

축 척 1 : 50,000 (1cm=500m)

국토지리정보원 http://www.ngii.go.kr

2. 기후와 식생

기후와 식생은 고성 도폭과 동일하며 특기할 만한 사항이 없다. 다만 한국의 다설 지역은 전라북도의 진안고원만 알려져 있으나 남강 유역은 진안고원보다 강설 일수와 강설량, 적설량도 많은 지역으로 알려져 있다.

3. 비무장지대 내 거민의 흔적

한국을 찬탈한 일본 군국주의자들은 자원 수탈을 위해 우선적으로 1:50,000 지형도를 만들었는데 이 독부도 속 간성 도폭은 1915년에 측량되고 2년 후인 1917년에 발행되었다. 해당 비무장지대를 살펴보면, 남강 좌안에는 비교적 촌락이 발달해 있으나 우안인 중앙분계선 동쪽에는 촌락의 입지가 적은 편이다.

중앙분계선 서쪽을 보면 사비리沙飛里에 40~50호 가까운 민거가 기록되어 있는데 남강의 하안단구 면에 입지한 이들 촌락이다. 다시 남쪽 1.5km에 있는 구만리 갈마渴馬고개를 넘어 원대院垈의 산록완사면에 20여 호, 고미성리姑味城里에 이르면 계류천이 만든 선상지와 하안단구 면이 연합된 지형을 이용하여 30호 이상의 촌락이 입지하였다. 남진을 계속해서 굴별우屈別隅에 이르면 하안단구와 산록완사면에 열촌列村 형식으로 촌락이 입지하며 남진하여 하탄리下炭里와 내허평內虛坪에 산촌散村이 입지하였다.

중앙분계선 동쪽을 보면, 갈고개 돌출부 맞은편인 남강 우안의 구만리九萬里에 7~8호, 조소동鳥巢洞 고갯길 산록완사면에 산지촌山地村 7~8호, 사천리沙泉里와 반항평盤項坪 등 남북으로 연결된 우마차길 따라 노촌路村이 입지하였다.

그러나 현재 이들 지역에는 폐허의 고요함만 남아 있다. 전쟁은 우리의 생활터전, 정다운 고향의 추억과 삶의 역사를 송두리째 앗아갔다.

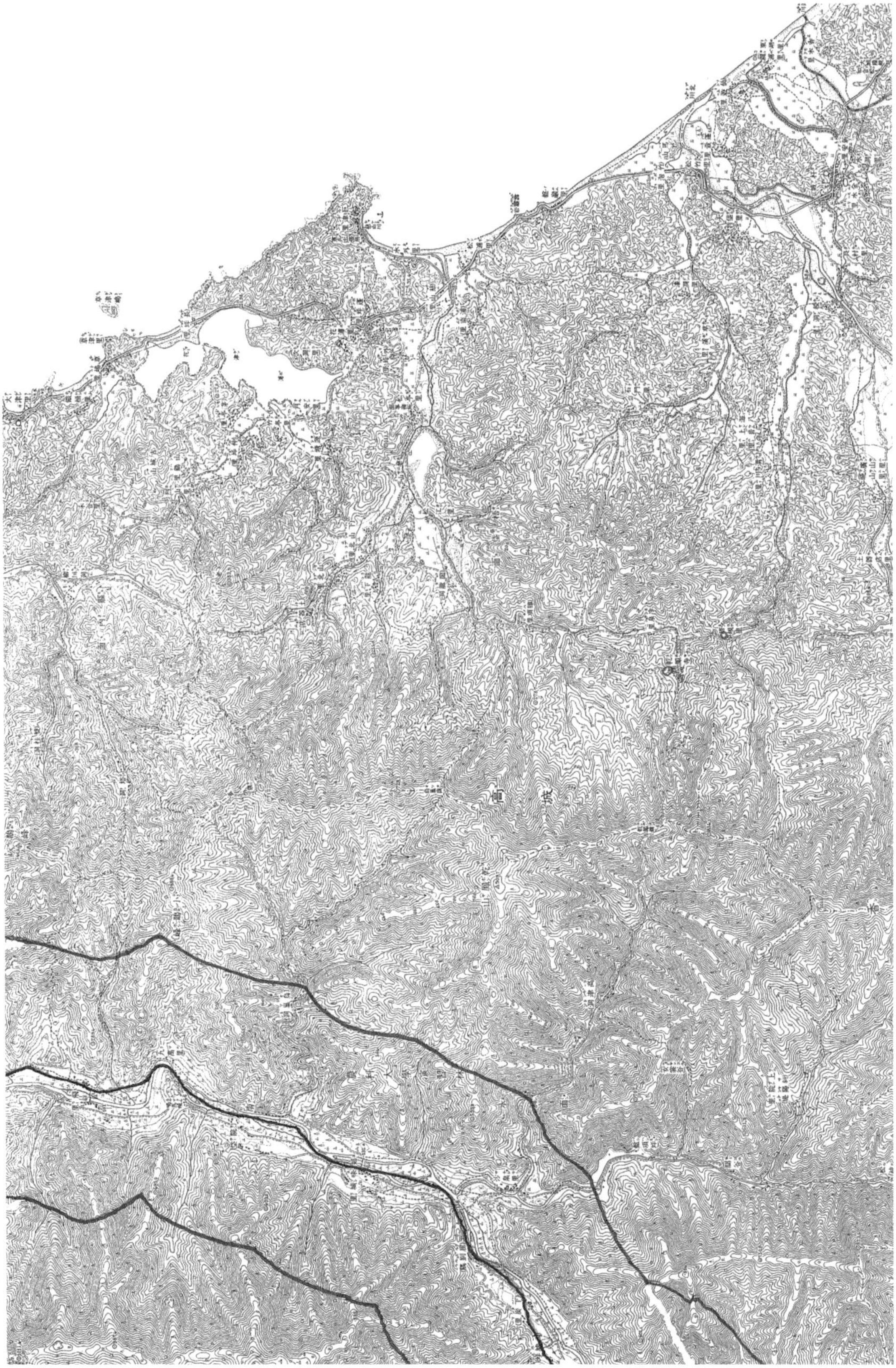

독부도의 간성 도폭

북소도의 고미성리 도폭

4. 비무장지대와 연계 가능한 관광자원

도폭 내 중요한 관광자원을 들면 첫째가 화진포花津浦요, 둘째는 건봉사乾鳳寺와 부도이며, 셋째는 진부령陳富嶺이다. 화진포는 고성군 현내면과 거진읍에 반반씩 걸쳐 있는 거대 석호다. 그 일대에는 초도해수욕장을 비롯해 많은 관광자원이 있다. 특히 조수간만에 따른 화진포의 기수汽水하천 좌안에 입지한 해양박물관에는 동해안에 서식하는 희귀 어패류와 갑각류의 박제품 1,500여 종이 전시되어 있어 해양생물 연구의 훌륭한 터전이 되고 있다. 화진포와 그 부근 관광자원에 대해서는 제1장 고성 도폭에서 설명한 바 있다.

거진읍 남서 모퉁이 냉천리에 자리 잡은 건봉사乾鳳寺는 신라 법흥왕 7년(AD 520)에 창건되었다고 전해지는 고찰이다. 현재 한창 복원 중이며 큰 규모의 고색창연한 부도군으로 유명하다. 특히 서쪽 1km에 보림암普琳庵과 봉암암鳳岩庵 옛터가 있어 한국 불교의 성지를 이루고 있다.

진부령은 버스 바퀴가 간신히 놓일 정도의 비포장 단일차로單一車路였기 때문에 위험성이 큰 것으로 유명하였다. 이와 같은 험로를 따라 6·25 전쟁을 수행하였으니 군수물자와 병력의 수송 등에 막심한 불편이 뒤따랐다. 광복이 된 지 채 5년이 지나지 않은 때라 포장도로가 없어 자동차는 시속 25~40km로 속도 제한이 있었으니 당시의 상황은 가히 짐작하고도 남음이 있다. 헌병이 TS10이라는 유선 전화기로 차량이 약 2km 아래의 큰 만곡부를 내려간 것을 확인하고서야 고개를 넘어갈 차량들을 통과시키는 방법으로 왕래하곤 하였다.

잿더미에서 일어나 국력이 신장된 오늘날, 진부령길은 노선 자체의 변화는 거의 없지만 2차선 포장도로로 변하였고 계류천 아래의 북천 가에는 장신유원지를 비롯한 함지박, 경희루, 황금궁전, 진부령유원지 등등에 태백산맥 월영객越嶺客들이 주차하고 쉬어갈 수 있는 휴식터가 조성되었다.

진부령에서 바로 백두대간을 타고 6km을 남동진하면 설악산국립공원 최북단의 새이령(대간령)에 이르는데 능선으로 2,500m 거리에 설악산 신선봉(1,212m)이 있고 여기서 다시 3km에 미시령(826m)이 있어 버스 편을 이용하면 자유로운 설악산(1,708m) 관광을 즐길 수 있다.

필자가 제5 중포중대 중대장 시절 향로봉산맥의 주봉인 향로봉 1296고지 아래에 1개 점포대가 배속되어 있어 험한 산길로 오르내리던 기억이 새롭다. 당시 중포중대 본부는 간성읍 복천교 서쪽 1.5km 지점의 46번 국도상의 노송지대 강가에 입지하였다. 또한 사단사령부는 원통고개 너머 서흥리에 있었고 사령관은 박정희 장군, 군단장은 송효찬 장군이었다.

해발 520m의 진부령 안부(鞍部). 6·25 당시에는 트럭의 바퀴가 간신이 놓일 정도의 좁은 험로였다. 현재는 왕복 2차선으로 개선되어 있다.

진부령 안부에는 많은 건물들이 들어서 있다. 진부령미술관을 비롯해 각종 편의시설이 있으며 스키장, 콘도, 스키박물관 등이 들어선 흘리 산지촌과 연결된다.

영동 쪽으로 진부령 험로 4km 구간을 내려가면 큰 만곡부 진부2교에 백두대간 진부쉼터가 마련되었다. 진부2교 아래는 편도 2차선의 도로가 부분적으로 개설되었다.

백두대간 진부쉼터에서 진부령 쪽으로 올라가는 길을 바라보며 촬영한 사진이다. 산사태의 예방을 위한 옹벽과 쉬어 가는 사람들의 편의시설도 갖추고 있다.

백두대간 진부쉼터 표지판 뒤 목책 바로 아래에 진부2교가 있다. 2019년 현재 교량은 주차시설로 한 개의 차선을 늘려 놓았다.

진부2교에서 내려가면 북천 기슭 경치 좋은 곳에 펜션이 자리 잡고 있다. 주변의 우거진 산림과 북천의 시냇물이 조화를 이룬다.

5. 건봉사 재건과 부도 공원

강원도 고성군 간성읍 냉천리에 자리 잡은 건봉사는 지금으로부터 1,500년 전에 창건되었다. 6·25 이전에는 강원 최대의 사찰이었으나 전쟁으로 불이문不二門을 제외한 모든 것이 불타 버렸고, 현재는 신흥사의 말사末寺에 속하며 한창 재건 중이다. 건봉사의 역사를 살펴보면 다음과 같다.

건봉사는 신라 법흥왕 7년(520년) 아도화상이 원각사로 창건하였고 이후 고려 말 건봉사로 개명하여 오늘에 이르렀다. 1878년 4월 3일 큰 불이 나서 3,183칸이 전소되었으나 복원되어 1911년에는 설악산 신흥사와 백담사, 양양의 낙산사 등 9개의 말사를 거느린 조계종 31본산의 하나가 되었다.

건봉사는 임진왜란 때 사명대사가 승병을 일으킨 호국 사찰로도 유명하다. 또한 당시 통도사에 보관되던 부처님 치아사리를 왜병이 일본에 가져갔는데 이를 사명대사가 되찾아와 건봉사에 봉안했다고 한다. 건봉사 초입에는 사명대사의 동상과 그를 기념하기 위한 의승병기념관도 있다.

건봉사는 6·25 전란 중 아군과 적군이 16번의 치열한 공방전을 벌인 건봉산 전투 전적지로 이때 완전히 폐허가 되었다. 그리고 40년이 지난 1994년부터 현재까지 복원 사업이 진행되고 있다.

건봉사 초입에는 고려 후기 이후 현대까지 건봉사 역대 스님들의 사리를 안장한 부도浮屠 50기가 량이 모여 있다. 이곳에서는 천여 년의 세월을 읽을 수 있는 부도들을 볼 수 있다.

사진으로 남겨진 1920년대의 건봉사 전경. 모두 4개의 군락으로 극락전 지역, 대웅전 지역, 낙서암 지역, 사리탑 지역으로 이루어져 있다.

부도들은 크기와 모양도 가지각색이다. 건봉사 부도들은 대부분 탑신이 종 모양을 한 석종형으로 소박한 편이다. 머리에는 연봉형의 보주寶珠를 올리는데 옥개석屋蓋石이 있는 것도 있고 없는 것도 있다. 부도 앞에 있는 부도비 중에는 비신받침을 거북 모양으로 만든 화려한 것도 있다.

건봉사는 6·25 전쟁 중 2년여에 걸쳐 아군 제5사단, 제8사단, 제9사단 및 미군 제10군단이 공산군 5개 사단과 16차례의 치열한 공방전을 벌인 기록을 가진 전적지이다. 이때 완전히 소실되었으나 사진에서 보는 불이문만 유일하게 남았다.

현재 건봉사는 6·25의 전화를 입어 빈터로 남았던 곳을 재건하고 있다. 사진은 2019년 5월 3일 건봉사 본당 대웅전의 기와 얹기 작업이 한창 진행 중인 모습이다.

보물로 지정된 건봉사의 능파교는 무지개형 단일 석교로 교량에 난간이 없는 것이 특이하다. 폭 3m 길이 14.3m로 전쟁 중 파괴된 것을 2005년 10월에 복원하였다.

건봉사 남쪽 500m에 부도군이 자리 잡고 있다. 고려 시대부터 현대까지의 사리탑이 모여 있다.

가장 안쪽 산록면에 자리 잡은 부도들. 가장 오래된 사리탑들로 보인다.

건봉사는 탑신이 종처럼 생긴 석종형 부도로 유명하다. 지붕(옥개석)이 있는 것과 없는 것이 섞여 있다.

부도 앞에 있는 부도비 중에는 비신받침을 거북 모양으로 한 화려한 것들이 있다. 비신 위 방석(方石)에 그려진 그림(구름과 용이 얽혀 있는 모습)과 정상부가 있는 2기의 탑석이 방문자의 시선을 모으게 한다.

보주가 탑신과 한 몸인 부도들. 줄지어 선 모습이 특이하게도 스님이 독경하며 행진하는 듯 보인다.

천 년이 넘은 부도군에서는 고색창연함을 읽을 수 있을 뿐 아니라 지반 침하에 의한 기울어짐도 볼 수 있다.

화은당 부도는 묵직함이 느껴지며 기대석, 탑신, 두부(頭部) 등에서 정교함이 돋보인다.

탑신이 매우 낮은 부도. 머리에 얹은 옥개석 표면에서는 바위옷(이끼)이 자라 세월의 무상함이 느껴진다.

옛날 동리 입구 비석거리에 세워진 전통 비석 같은 모양의 부도도 있다.

난쟁이 부도탑. 단조로운 모양의 부도탑 표면에는 천여 년 세월에 심하게 풍화박리된 면을 보여 준다.

바위옷(이끼)을 입은 고색창연한 부도들 사이에 조성된 지 얼마 되지 않아 이질적으로 보이는 부도들도 끼어 있다.

건봉사 주차장 동쪽 모퉁이에 자리 잡은 거대한 돌확이다. 곡식을 빻거나 찧는 데 쓰였을 것이다.

건봉사는 임진왜란 때 사명대사가 승병을 일으킨 곳이다. 건봉사 부도군 옆에는 사명대사의 동상과 그를 기념하기 위한 의승병기념관이 있다.

제3장

서화(瑞和) 도폭

〈연구에 이용된 도폭〉

- 현용도의 서화(瑞和) 도폭
- 독부도의 이포리(伊布里) 도폭, 만대리(萬垈里) 도폭 상반
- 북소도의 속사동리(束沙洞里) 도폭, 석사리(石寺里) 도폭 상반

1. 지리적 위치와 지질·지형

도폭의 수리적 위치는 38°15′~30′N, 128°00′~15′E이다. 행정적 위치는 북서쪽에 강원도 회양군 내금강면, 북동쪽에 고성군 수동면, 두 면 사이에 회양군 서면이 쐐기처럼 끼어 있으며 서쪽과 남쪽에는 양구군 방산면과 동면, 해안면이 있다. 그리고 인제군 서화면이 북부에서 남동부까지 도폭의 거의 절반을 차지하고 있다. 그중에서 양구군 해안면은 하나의 분지盆地가 행정단위를 이룬 곳이다. 6·25 전쟁 중 가장 치열했던 전투가 벌어졌던 소위 펀치볼Punch Bowl이라 불리는 해안亥安분지는 지형학적으로 그 성인에 관한 해석이 분분하여 필자가 생각하는 바를 기록하기로 한다.

비교적 위치는 한반도 중동부 소양호와 파로호의 북동부에 펼쳐지는 산악지대이다. 도폭 내에는 휴전선 북쪽으로 1,000m 이상이 무산巫山(1,319)을 비롯하여 자그마치 21좌에 이르며 6·25 전쟁 사상 최고의 격전을 치른 가칠봉加七峰(1,242)과 해안분지 서부에도 대우산과 두물산이 있다.

지표 지질은 해안분지가 주로 중생대 쥐라기에 관입한 대보화강암으로 암석학적 특징을 달리하고 있어 조사자는 해안화강암으로 명명하였다. 기타 원생계의 미그마타이트질 흑운모편마암과 흑운모편마암을 주 구성암으로 지표 지질은 비교적 단조롭다.

서 화 (瑞 和)

1 : 50,000 지형도 도엽번호 NJ 52-6-16

서화(Seohwa)

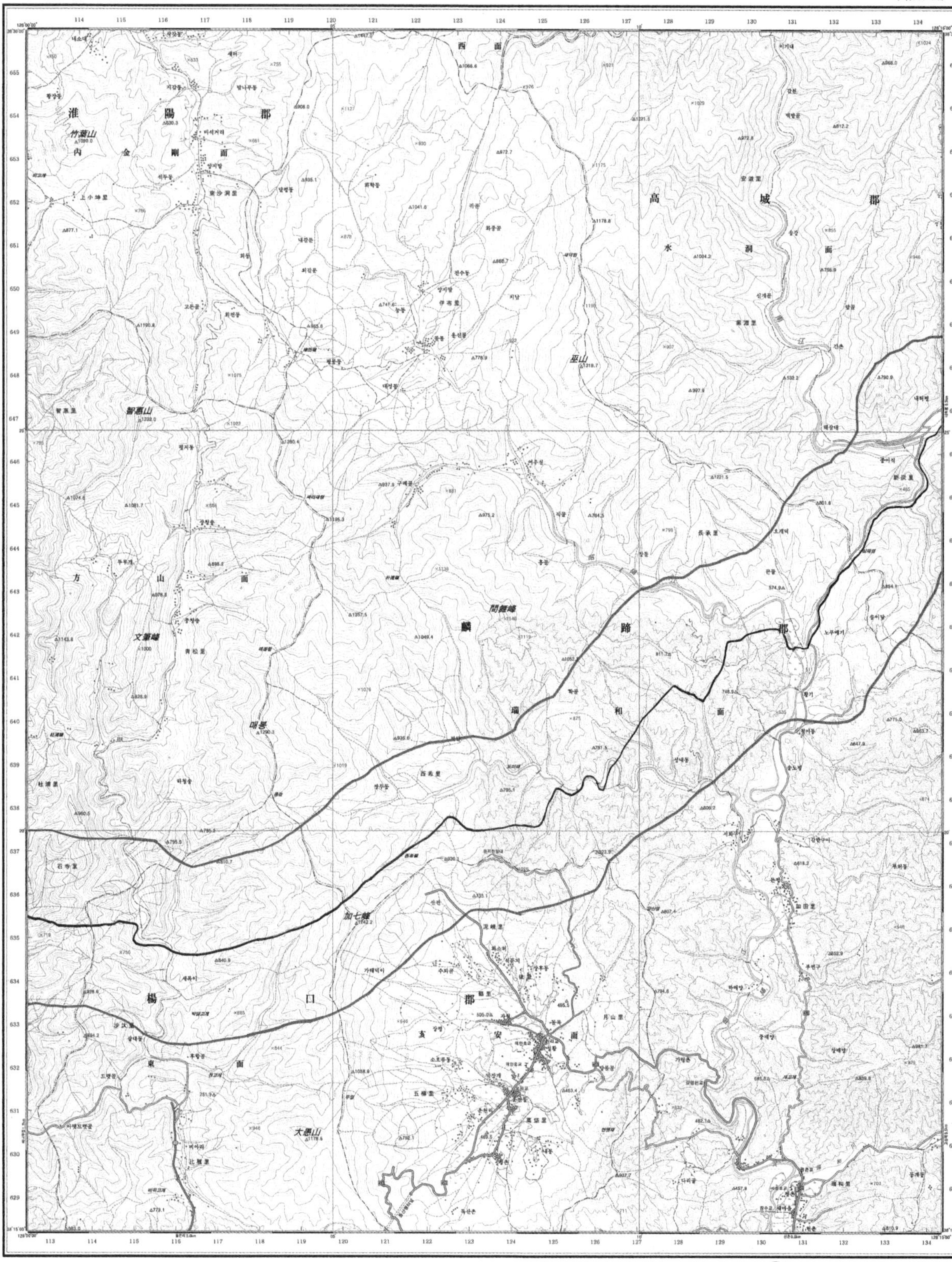

1975년 편집, 2012년 수정 (2012년 조사), 2019년 인쇄

축 척 1 : 50,000 (1cm=500m)

국토지리정보원 http://www.ngii.go.kr

2. 해안분지의 성인에 대한 고찰

해안분지亥安盆地, 즉 펀치볼Punch Bowl의 규모는 동서로 가장 좁은 허리부분이 7.1km, 남북으로 가장 넓은 곳이 13.3km이다. 분지 외륜산外輪山의 최고봉은 가칠봉으로 높이 1,242m, 가장 낮은 물골의 표고는 400m이다. 가칠봉과 물골의 직선거리는 7km, 분지 내부의 총면적은 61km²로 제주도의 1/3이다. 분지 내에는 독립된 구릉이 산재하는데 대체로 표고는 해발 500m 정도이다. 22개 계곡으로 이루어진 구심상求心狀 하계망이 한 곳으로 집속集束되어 배수되며 유출구인 물골의 표고는 400m이다. 분지의 중심은 현리이다.

행정구역상 양구군 해안면이며, 분지 안에는 23개 마을이 있는데 우연히도 계곡 수와 비슷하다. 대부분 분지 내의 독립된 구릉지 10여 개를 배경으로 구심상 수계를 끼고 형성되어 있으며 전형적인 배산임수의 입지이다. 23개 마을을 북쪽에서부터 기명하면 산전山前, 진고개리泥峴里, 화소허火燒墟, 석둔지石屯址, 상후동上後洞, 가래덕이楸德伊, 수뢰골磊洞, 현리縣里, 후리後里, 상평上坪, 자월子月, 돌모루石隅村, 월산리月山里, 소오류동小五柳洞, 성황城隍, 덕장포德章浦, 당물골堂水洞, 오류리五柳里, 운전동雲田洞, 운천리雲川里, 만대리萬垈里, 평촌坪村, 내동內洞, 독산촌獨山村 등이다.

물론 이들 마을은 전쟁 중 폐허가 되었었다. 휴전 후 민통선이 완화되면서 한 집 두 집 모여들고 외래인들이 가세하여 옛 터전 그대로 취락이 형성되었고 오늘에 이르렀다. 다소의 변동은 있으나 우리 조상들이 샘터 따라 냇가 따라 우물 파고 입지한 기본 개념은 흔들리지 않은 것으로 보인다.

현재 해안분지는 도시화가 진행되고 있다. 상하수도가 놓이고 453 국가지원지방도는 굴곡이 심한 돌산령을 넘지 않고 동면 팔랑리 팔악기 약수터 부근에서 독산촌 북서방 1km 지점을 굴착한 돌산령터널(5km)을 통하여 편안하게 분지 내로 진입하며 발전을 가속화하고 있다.

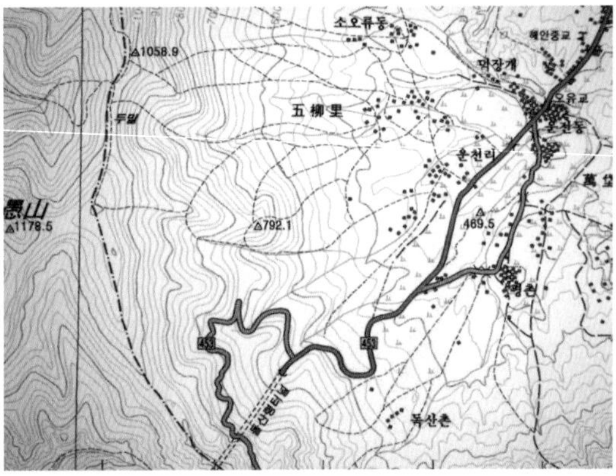

돌산령의 굴곡이 심한 험로는 돌산령터널 3.5km 굴착으로 시간 거리를 단축하였다.

이론이 분분한 해안분지의 성인에 대한 의견을 지형학적으로 추리해 보려고 한다. 20세기 말 거대한 운석의 가격加擊으로 생성되었다는 신문기사를 본 기억이 있으나 원천적 이론 전개가 불분명해 관심을 두지 않았었다. 또 다른 이론은 화강암의 차별 침식으로 생성되었다는 주장이다.

어쨌든 제주도의 1/3 크기에 해당하는 61km² 라는 거대 분지가 어떻게 생성되었는지를 설명하는 것은 그리 간단한 문제가 아니다. 우선 두

해안분지. 서희령을 제외한 외륜 산지는 시생계에 해당하는 함석류석 화강편마암이나 흑운모 편마암과 미그마타이트질 흑운모 편마암이고 경지로 개발된 부분은 중생계의 대보화강암 산지이다. 분지 내 잔구들은 해안화강암 산지로서 22개 조의 계류천에 의한 차별침식에 저항하여 남은 구릉지이다. 분지 내 충적지는 해안화강암의 풍화 분해 물질로 유기질이 적은 사질 토양이다. 해안천의 배수구는 물골이며 해발 400m를 빠져나간 다음 월산내를 합류하여 만대천이라는 이름으로 서화천인 소양강에 합류한다. (출처: 한국관광공사 사진갤러리-이범수)

가지 주장을 긍정적으로 받아들여 세계적 사례와 비교해 가며 절충점을 찾아보기로 한다.

운석 가격 분지의 사례는 세계 도처에 있다. 그중에서도 미 서부 애리조나주 북부 콜로라도Colorado 고원에 있는 직경 1,300m 깊이 145m의 배링저 운석 분지Barringer Meteor Crater가 모식지다. 1960년대 초 슈메이커E. Shoemaker 등이 상세한 지질조사를 시행한 바에 따르면, 이곳은 운석 충돌 당시의 충격파에 의한 고압으로 암석 중의 석영(SiO2)이 상전이相轉移한 고압상인 코사이트coesite가 발견되었다고 한다. 그러나 한국의 해안분지에는 그러한 암석이 발견되었다는 조사나 연구결과가 없다.

필자가 살펴본 바에 따르면 해안분지는 운석 분지가 아니라 침식 분지이다. 우선 해안분지 내에 비고比高 40~60m에 이르는 침식잔구侵蝕殘丘들이 분지 중심부와 주변에 널려 있는 점이 운석 가격에 의한 생성을 부정하는 증거 중 하나이다. 이와 동시에 지표 지질을 살펴보면 해안분지 주변의 외륜 산지는 원생계 하부에 해당하는 화강편마암이다. 즉 해안분지 산록 사면과 분지 바닥 및 침식잔구는 중생대 중기인 쥐라기 대보운동으로 관입한 심성암인 해안화강암으로 구성되어 있다. 여기에 발달한 구심상 수계가 신속하게 화강암 산지를 개석함으로써 분지 바닥에 충적지와 화강암 잔구들을 남긴 것이다. 다시 말해 해안분지는 침식 분지인 것이다.

구체적으로 해안분지를 정밀 답사하며 살펴본 결과, 해안분지는 2개의 수계로 이루어져 있고 최대의 수계는 서희령 아래 산전에서 발원하는 해안천이다. 해안천은 후리내, 현리내를 성황 부근에서 합류하며 물골 배출구 직전에서 우전내를 합류하여 항구류恒久流 permanent stream를 이룬다. 그리고 해안분지 최대의 물골교를 지나 물골로 배수하며 물골 아래에서 분지 내 최소 수계인 먼멧내를 합류한다.

돌산령에서 내려다본 해안분지 남사면의 토지이용 모습과 만대저수지

물골교에서 촬영한 해안분지
유일의 배수구 물골

근접하여 본 물골로 우기의 최대 홍수선을 명확하게 볼 수 있다.

비교적 원거리에서 바라본 물골교와 물골의 배수구

갈수기의 만대천. 모내기철 양수로 인해 유량이 적다.

만대2교 부근에서 볼 수 있는 시설 영농

만대2교 부근 일대의 화강암 풍화토. 해안분지 최대의 충적 평야라고 볼 수 있다.

성황교 부근에서 촬영한 모습. 멀리 보이는 외륜 산지는 시원계 지질이고 이정표 바로 뒤 구릉지는 중생대에 관입한 해안화강암이 차별침식에서 남은 잔구이다.

만대2교를 지나 촬영한 해안면 소재지의 모습

다른 하나는 물골 아래 750m에서 합류하는 월산내다. 월산령과 을지전망대 아래에서 발원하는 월산내는 해안분지 수계와는 연관성 없는 별도의 수계로 해안분지 형성과정에 관여하지 못한 유일한 수계이다.

이들 크고 작은 세류들이 점차적으로 분지를 깎아 낮추고 있다. 해안화강암을 구성하고 있는 석영, 장석, 운모 등의 조암 광물은 결정축이 서로 달라 열적 팽창과 수축에 따른 계수의 차로 신속하게 풍화 분해되어 분지 바닥에 토박한 사질 충적지를 형성한다.

지금까지 중생대 쥐라기 대보화강암 관입을 원지형으로 상정하고 풍화 생성물이 수류의 작용으로 침식 운반 퇴적하며 해안화강암의 잔구를 남기고 해안분지를 조성한 과정을 데이비스W. M. Davis가 주장한 지형 진화 과정의 이론적 측면에서 관찰하고 설명하였다.

3. 해안분지 부근의 기후와 식생

서화 도폭은 한국 최대의 산악지대이며 1,000m 이상의 고지만도 21개에 이른다. 또한 세계적으로 이름 있는 해안분지와 그 북쪽의 이포분지는 매우 흥미로운 지역이다. 기후 또한 여름에는 열대해양성기단의 영향을 받아 강수량이 많다.

우리나라는 겨울철에 시베리아기단의 영향을 받아 한랭 건조하고, 봄·가을철에 오호츠크기단의 영향을 받아 냉량 다습한 것이 특징이다. 영서지방에는 건조 열풍인 높새바람의 영향으로 고온 건조한 바람이 불며 농작물에 피해를 주기도 한다.

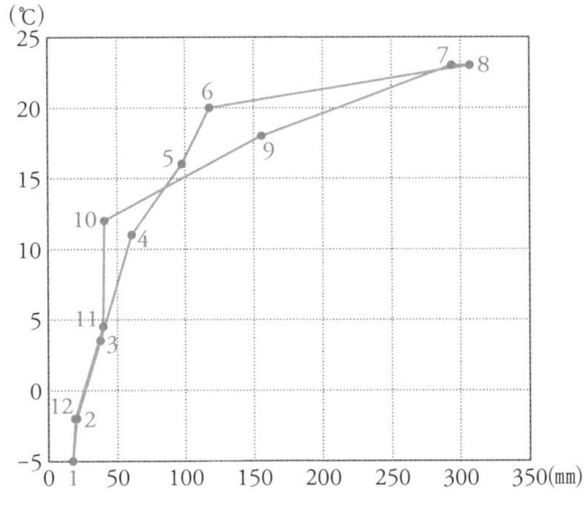

서화의 클라이모그래프(인제의 관측치 적용)

1월	2월	3월	4월	5월	6월	7월	8월	9월	10월	11월	12월	전년	기상대 위치	높이
−5	−2	3.5	11	16	20	23	23	18	12	4.5	−2	10.1℃	38°03′N	H
18	21	38	61	98	118	307	294	156	41	40	20	1,212mm	128°10′E	200m

건기는 1, 2, 3, 10, 11, 12월이고 우기는 7, 8, 9월로 나타난다. 7, 8월의 월평균기온이 23℃로, 22℃ 이하가 하계냉량기후로 분류됨을 생각할 때 비교적 여름철에도 서늘함을 느낄 수 있다. 그러나 해안분지는 완벽한 분지지형으로 통과성 강우와 지형성 강우의 영향이 적으며 주변에 비해 기후는 온화하며 강수량도 적은 편이어서 시설 영농과 인삼 재배의 면적도 해마다 증가하는 추세에 있다.

그러나 해안분지는 특수한 지형적 영향을 받는 기후지역으로 외륜산 바깥쪽에 지형성 강우가 쏟아지거나 분지 내에 통과성 강우 현상이 발생한다. 또한 외륜산이 병풍과 같은 역할을 하여 기후는 주변 지역보다 맑고 온화하며 농경에 유리하다. 농업경관도 주변과는 다른 특수 경관을 보여 주는 이색지대로 인삼 재배와 시설 영농이 해마다 증가하는 추세에 있다. 청정한 기후로 해안분지에는 정양靜養 또는 휴양차 모여드는 사람이 있어서 상하수도의 설치와 도시화가 진행되고 있다.

4. 국내 최고의 청정 계곡과 열목어의 추억

가전리는 인제군 서화면 산간분지에 자리 잡은 마을이다. 속칭 펀치볼로 알려진 양구군 해안면 만대리 분지 북동방 월산령月山嶺 아래 4km 지점, 백두대간으로 유명한 향로봉(1293)과 둥굴봉圓峯(1312) 중간 서사면 정서방 9km 지점에 우리 중대 본부가 입지하고 있었다. 부대 앞에는 물이 맑고 깊은 인북천麟北川이 남류하고 있다. 또한 그 지류인 서화천이 향로봉과 둥굴봉 서사면에서 발원하여 흐르는데 맑고 청냉淸冷한 급류천으로 천이점遷移点에 높이 7~8m의 폭포와 폭담이 발달하였다. 필자는 이곳이 한국 최고의 열목어熱目魚, Brachymystax lenok 서식지라고 생각한다. 당시 낚시를 준비하여 폭담에 던지면 길이 30cm 이상의 열목어가 잡혀 풍미를 즐기기도 했었다. 하지만 중대 본부가 간성읍 교동리 46번 국도변으로 이동하며 열목어와 멀어져 추억만 간직하게 되었다.

여기서 열목어에 대해 잠시 살펴보기로 한다. 현재 천연기념물로 지정, 보호되고 있는 열목어는 연어, 송어와 더불어 호냉성好冷性 담수어로 산림이 우거진 심산유곡의 맑고 깨끗한 냉천을 즐기는 어족이다. 또한 열목어는 장마철에 시냇물이 흐려지면 실개천 맑은 계류를 거슬러올라갈 정도로 수질에 민감한데 오늘날에는 환경오염으로 점차 멸종 위기에 처해 있다.

열목어(출처: 국립생태원)

열목어는 부화되어 1개월이면 3~4cm 크기로 자라고 1년이 지나면 15~18cm 크기로 성장한다. 성어가 되면 40cm± 크기로 자라는데 나의 경험으로서는 최대 60cm짜리를 잡은 기억이 있다. 산란기인 5, 6월이 되면 지느러미가 무지갯빛으로 휘황찬란한 변색을 하기도 한다.

특히 열목어는 바다의 날치처럼 강물 위로 20~30cm 솟구쳐 올라 날아다니는 곤충을 잡아

먹는 신기한 어족이며 이로 인해 자양분이 풍부하여 담수 어족 중 그 풍미가 최고로 알려져 있다. 그래서 임금님의 수라상에 오르며 조선시대에는 중국에서 온 사신이 돌아갈 때 줄 선물 목록에도 있을 만큼 유명하다. 조선시대의 지리서 『동국여지승람』에는 여항어餘項魚, 이항어飴項魚로 기록되어 있다. 연목어蓮目魚, 세린어細鱗魚라는 이름도 있다.

중국 백두산에서 발원하는 송화강에서도 서식한다고 알려져 있고 함경북도와 길림성 조선족자치주에서는 산천어 또는 이민수라는 이름으로 그 풍미가 출중함이 알려져 있다. 한편 북부지방의 주민들은 이면수의 치어稚魚를 뗑뗑이 또는 팡팡이로 부르기도 하며 팡팡이보다 약간 큰 것은 꼬토라지, 이보다 큰 것은 산치로 성어가 되면 열목어로 부른다.

오늘날 합성세제의 사용으로 농촌 독립 가옥의 하수下水도 오염되는 상황에 처해 있으니 그나마 열목어가 살아남을 곳은 인적이 끊긴 채 고희를 맞이하는 비무장지대의 맑은 물 계류천밖에 없다는 생각에서 몇 줄 적어 보았다.

5. 비무장지대 내 거민의 흔적

1918년 조선총독부에 의해 발행된 1:50,000 이포리伊布里 도폭을 살펴보면 내허평內墟坪에 몇 호, 신탄리新炭里 송어직松魚直에 20여 호, 해삼대海參垈에 20호, 삼치령三峙嶺 너머 노루메기獐項와 오가덕五柯德에 열촌의 형태로 각 20여 호가 입지하였다.

계속하여 장승리長承里 큰들大坪과 대방골大房谷에 최대의 산촌이 형성되었고 황기黃基에 10여 호, 성내동城內洞에 10여 호, 도미현道味峴에 10여 호, 서히리西希里에 10여 호 등 산지촌이 형성되었으며 생활에 편리한 소양강 천변에 많은 사람들이 살고 있었다.

이들 가운데 남강 상류인 신탄리 송어직과 소양강 상류인 장승리 큰들에 최대의 거민이 있었으나 전란에 완전 폐허가 되고 현재는 울타리 흔적만 남아 있는 실정이다. 중앙분계선상 사태리沙汰里와 석사리石寺里에도 거민은 있었다.

오늘날 비무장지대 안은 완전 폐허가 되었지만 양구군 해안면만이 옛 북한 동포와 우리의 군인 가족 그리고 안보 관련 공무원들이 모여 성황을 이루고 있을 뿐이다.

한편 지명 중에 눈길이 가는 것이 있었다. 중앙분계선 북쪽의 성내동 계곡 곡두에 있는 한자 '구동臼洞'이었는데 독부도, 극동도, 북소도에도 발음 표기는 확골이었다. 간성 도폭 건봉사 답사에서 돌확의 한자 표기 '石臼'가 있었다. 확은 돌을 우묵하게 파서 절구 모양으로 만든 물건이다.

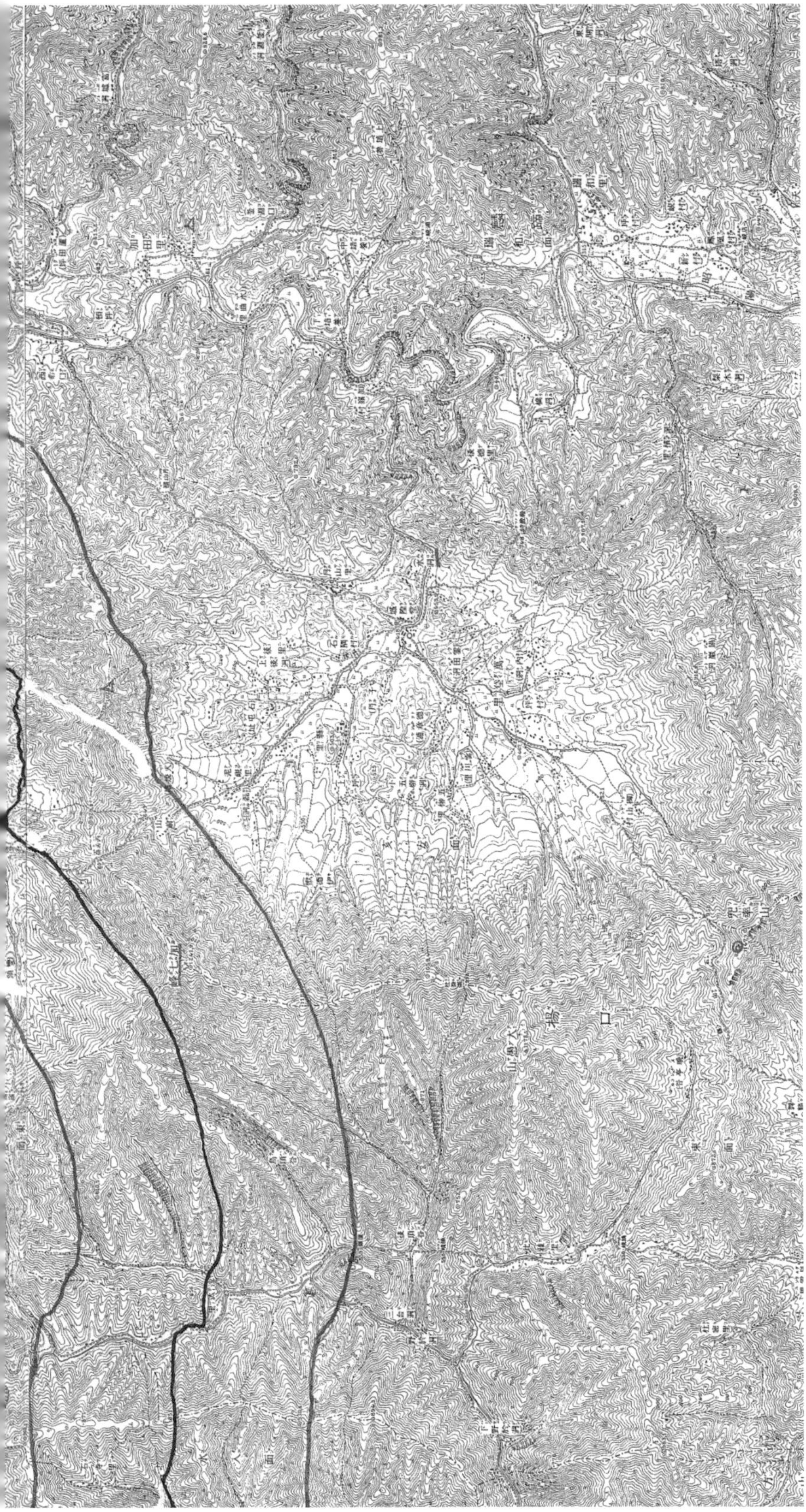

독부도의 이포리(伊布里) 도폭에 만대리(萬岱里) 도폭 상반을 연결함

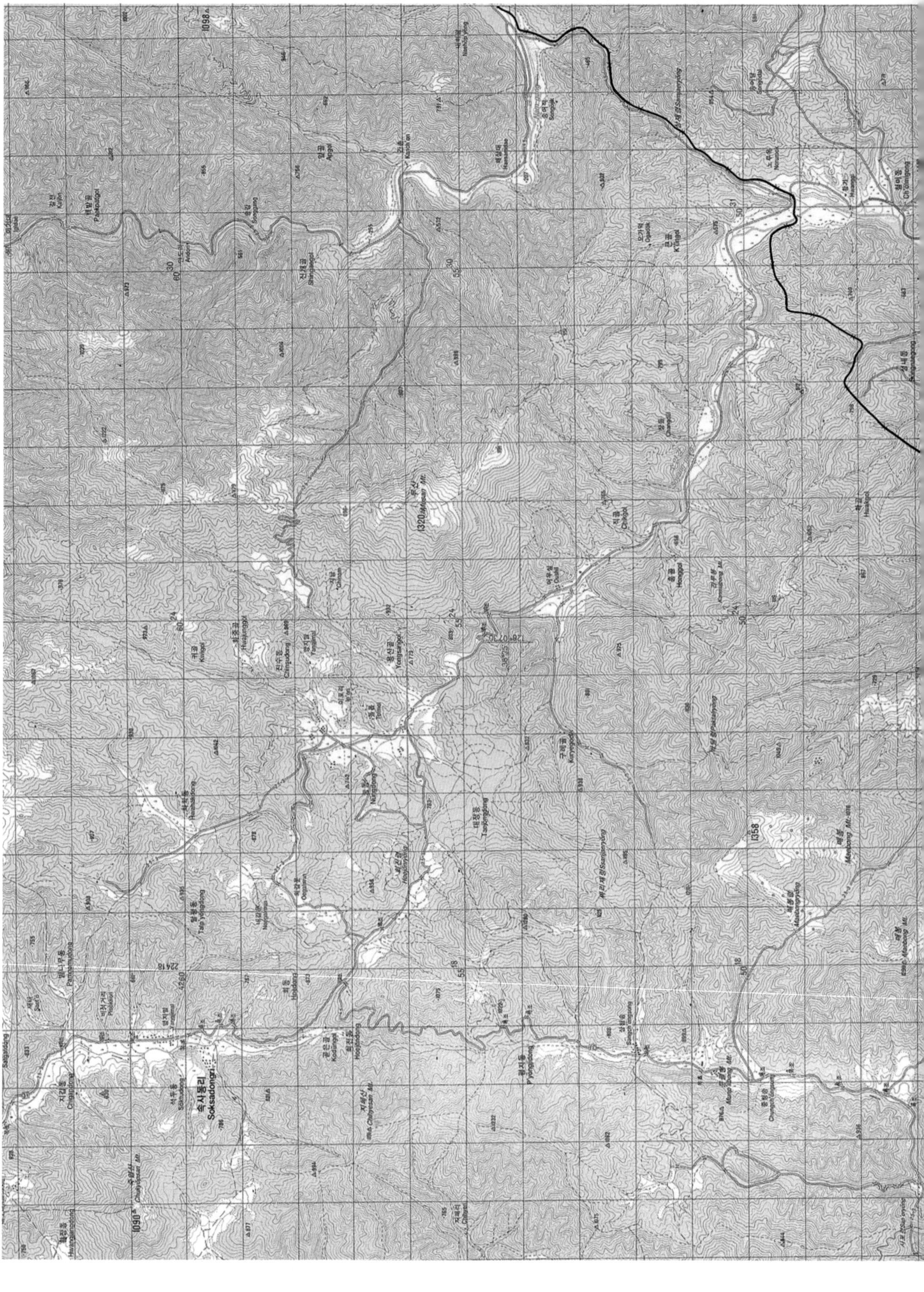
속사동리
Soksadongri

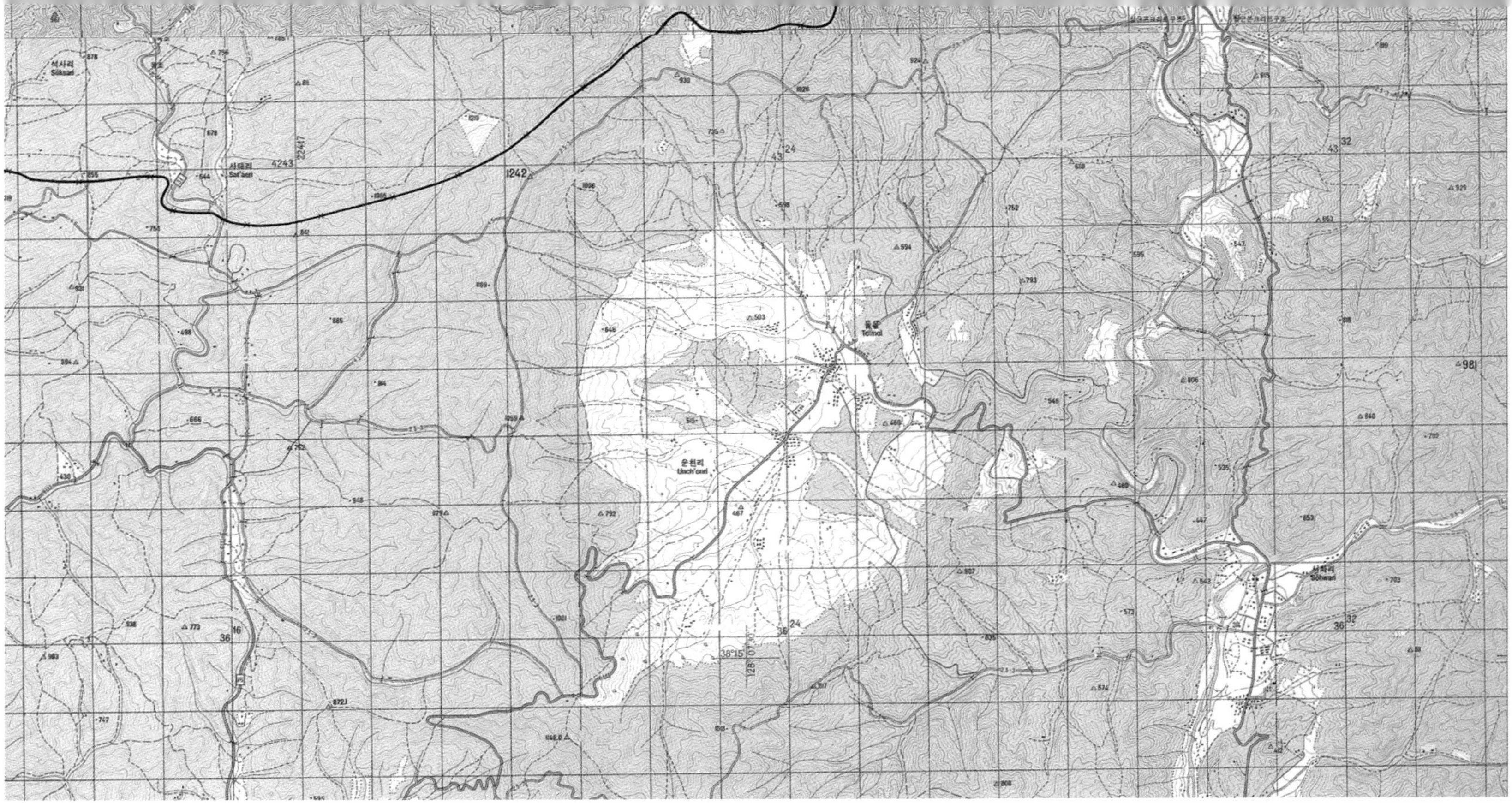

북소도의 속사동리(束沙洞里) 도폭에 석사리(石寺里) 도폭 상반을 연결함

6. 비무장지대와 연계 가능한 관광자원

서화 도폭은 도폭의 북동부를 해금강으로 유입되는 남강 상류부와 영서의 소양강 상류부가 차지하며 도폭 전체의 중앙부를 북동 방향에서 남서 방향으로 비무장지대가 이어진다. 인제군 서화면 가전리에는 소양강 상류지역의 수려한 경관지들뿐만 아니라 해안분지 북방의 모든 전적지들이 포함되어 있다. 사실상 해안분지 북방의 비무장지대 내 격전지는 가칠봉을 비롯하여 대부분 인제군에 해당한다.

도폭의 남반부는 소양강 유역으로 특수 지형 해안분지와 안보 관광지인 을지전망대가 유명하며 모두 양구군 해안면에 속한다. 이곳에선 금강산의 최고봉 비로봉을 비롯하여 일출봉 미륵봉도 관찰되며 북한에서 파 내려온 제4땅굴도 방문할 수 있다. 6·25 전사에서 처절한 기록을 남긴 피의능선 가칠봉도 해안분지 북서 모퉁이의 외륜산이다. 양구전쟁기념관을 돌아보고 해안면 최남단 1304고지의 능선상으로 4.5km를 남동진하면 대암산과 그 정상 부근에 있는 유명한 용늪 생태 관광지에 이를 수 있다.

그동안 정부에서는 공을 들여 양구전쟁기념관과 을지전망대, 제4땅굴 등 해안면에 많은 투자를 하였다. 앞으로 양구군 해안면과 인제군 서화면의 격전지를 연계하는 관광 루트 조성은 더욱 긴밀하고 활발하게 이루어지는 것이 효과적이라고 본다.

예를 들어 백두대간 향로봉 산맥 격전지 순례 코스는 개발할 만하다고 본다. 머나먼 진부령을 돌아 향로봉에 오르는 코스가 아니라 해안분지에서 가전리를 거쳐 향로봉전망대에 이르는 케이블카를 만들어 운영하는 것이다. 실제 양구군 달산령(924)에서 인제군 서화면 가전리를 거쳐 향로봉까지의 직선거리는 13km이며 인제군 서화면과 원통을 돌아 진부령에 이르고 다시 향로봉에 오르는 길은 80여 km이므로 케이블카 건설은 전혀 허황된 구상이 아니라고 본다. 유럽의 알프스 산지에 건설된 다채로운 건설과 운영 방식을 본받을 수도 있다.

이 지역은 연구 관련해서도 매우 중요한 지역이다. 펀치볼이란 거대 차별침식 분지가 차지하는 지형학적 비중이 크며 구심상求心狀의 하계망과 물골 이하에서 전개되는 해안천도 보기 드문 급류천으로 하천지형학적 연구 가치가 매우 크다. 특히 서화면 소양강의 1차 지류인 해안천과 해안분지 내의 구심상 하계망을 부각시키는 지형학적 연구가 바람직하며 해안분지 내의 샘물에 대한 합리적인 조사와 연구 등도 연관시켜 학생들이 자연을 관찰하고 심미하는 능력을 키워 주는 것에도 관심을 기울였으면 한다.

7. 대암산 용늪 생태 관광지

서화 도폭에는 들어 있지 않지만 해안분지 남쪽 외륜산에 해당하는 대암산(1,303) 정상 부근, 인제군 서화면 서흥리에는 또 하나의 생태적, 학술적 가치가 매우 높은 지형이 있다. 람사르습지 국내 등록 제1호인 대암산 용늪이 그것이다. 대암산 용늪은 대암산 남쪽 사면, 해발 1,280m에 위치하며 우리나라 유일의 고층 습원이다. 이러한 고층 습원은 세계적으로도 매우 드물게 나타나는 지형으로 생태적, 학술적 가치가 매우 높다.

대암산 용늪 주변은 지대가 높아 1년 내내 기온이 낮고 습도가 높다. 주변 암석들이 풍화 작용으로 우묵한 땅에 부서져 내리면서 물이 빠져나가는 것을 막아 생물들이 죽은 뒤에도 썩지 않고 그대로 쌓여 있는 이탄층이 만들어지기 시작했다. 그리고 이탄층이 점차 두꺼워지면서 지하수와 지표수의 공급을 차단하고 식물들이 오로지 빗물만으로 영양분을 공급받는 고층 습원이 만들어졌다.

대암산 용늪은 큰용늪, 작은용늪, 애기용늪 이렇게 3개로 구성되어 있다. 현재 용늪의 이탄층은 평균 1m로 그 역사는 4,000~5,000년에 달한다. 이 이탄층을 조사하면 그동안의 식생 변화 과정을 알 수 있다. 현재 대암산 용늪은 생태학적으로도 매우 중요한 곳이다. 이곳에는 기생꽃, 닻꽃, 제비동자꽃, 새호리기, 산양, 삵, 왕은점표범나비 등 멸종위기 야생생물 13종을 포함하여 식물 300여 종, 동물 600여 종이 서식하고 있다. 그중에는 개통발, 대암산집가게거미, 비로용담, 한국좀백잠자리, 대암사초, 식충식물 끈끈이주걱 등 용늪에만 서식하는 생물종들도 있다.

한편, 인간의 발길이 끊긴 비무장지대에는 한국의 특산식물 금강초롱을 비롯해 가적으로 보호해야 할 많은 생물종들이 살고 있다. 반달가슴곰, 수달, 족제비, 여우, 너구리, 산양, 고라니, 노루, 멧돼지 등의 포유류가 관찰되며 구렁이, 살모사, 까치살모사 등 많은 멸종위기종들이 보존되어 있는 것

국내 람사르습지 1호인 대암산 용늪의 큰용늪

비로용담

으로 확인된다

이 밖에도 비무장지대에는 강아지, 고양이 같은 버려진 애완동물과 돼지, 염소, 토끼 등 우리를 탈출한 가축들이 생명을 유지하고 있다. 이들의 야생화 과정도 생물진화학적 측면에서 살펴보아야 할 과제이며 철새들의 텃새화도 눈여겨보고 연구할 중요한 과제들로 생각된다.

앞으로 비무장지대에 보존된 깨끗한 자연과 멸종 위기의 동식물과 자원을 잘 활용하여 국제적 평화공원을 조성할 날이 빨리 오기를 바란다.

8. 해안분지 점령 작전

미 해병 제1사단과 국군 해병대 1연대는 양구 북방의 해안분지(펀치볼) 확보를 위해 지형상 불리한 조건을 마다 않고 1951년 8월 31일부터 9월 20일까지 3주간 현재의 을지전망대와 가전리 일대 924고지, 1026고지, 702고지, 666고지 등에서 북한군 제1사단과 치열한 전투 끝에 점령하였다. 제2단계 작전으로 간무봉 일대의 적 은거지를 제압, 내금강산을 통제할 수 있는 지형을 확보하였다. 그리고 병사들의 사기 진작을 위해 924고지는 김일성 고지, 1026고지는 모택동 고지로 명명한 우리 해병대는 해안분지를 지켜낼 수 있었다. 한미 해병대는 1952년 3월 17일까지 적 사살 2,799명, 포로 557명이라는 막대한 전과를 올렸다. 동시에 아군 전사 428명(국군 183명, 미군 245명), 부상 1,062명(국군 557명, 미군 505명)의 전력 손실을 입었다.

31번 국도와 453번 지방도 갈림길 동면교 건너편에 세워진 펀치볼지구 전투 전적비

펀치볼 북방 능선상에 건립된 1026고지 을지전망대

9. 격전지 '피의능선 가칠봉'

국군 제5사단 단가團歌의 가사 속에는 '피의능선 가칠봉'이란 구절이 있다. 가칠봉(1,242)은 백마고지 전투 등과 비교되는 격전의 현장이었다. '피의능선Blood Ridge 전투'는 국군이 휴전회담을 진척시키는 동시에 휴전에 대비하여 주요 요충지들을 확보하기 위해 1951. 8. 18~9. 5일까지 벌인 20일간의 혈투를 일컫는다. 적의 완강한 저항으로 피아간에 막대한 병력 손실이 있었으며 우리 군은 수십만 발의 포탄이 떨어지는 악조건에서도 물러서지 않았기에 작전을 완수할 수 있었다.

그 가운데 보병 제5사단 36연대가 북한군 제2군단 및 제5군단 예하 4개 사단과 5일간에 걸친 치열한 공방전으로 유명한 것이 가칠봉 전투이다. 이 전투에서 아군은 치열한 공방전 끝에 적군 1,480명을 사살하고 250명을 생포하는 등 큰 전과를 올리며 승리했다. 비록 가칠봉 능선은 피아간 장병들의 피로 물들었지만 보병 제5사단 단가의 가사에 삽입될 만큼 주요한 전투가 되었다.

가칠봉은 양구군 동면과 해안면 그리고 인제군 서화면 세 면계의 최고봉으로 전술적으로 큰 가치를 지닌 곳이다. 해안분지를 북쪽에서 둘러싸고 있는 외륜산이어서 해안분지를 사수하기 위해서는 꼭 필요한 곳이다. 가칠봉 북서쪽 바로 아래 1.2km 거리에 무명의 1211고지가 있다. 이 무명의 1211고지는 적군이 점령하고 있었는데 불과 31m의 고저 차로 가칠봉에서 내려다보여 전술상의 가치가

월운저수지 남쪽에 자리 잡은 피의능선 전투 전적비와 기대석에 새겨진 비문. 비문에 따르면 이곳은 1951년 8월 18일부터 22일까지 5일간 엄청난 공방전을 치르고 빼앗은 고지이다. 국군 제5사단 36연대가 미 제2사단에 배속되어 육해공군의 전력 지원을 받아 전투를 치렀으며 42만여 발의 포탄이 작렬하는 가운데 지켜낸 곳이다.

양구전쟁기념관 외부에 서 있는 전투를 상징하는 조형물

양구전쟁기념관에 전시된 가칠봉 전투도

가칠봉 전투에 참전했던 8inch 자주포

피의능선(가칠봉) 전투에 혁혁한 공을 세운 미군 탱크

양구전쟁기념관은 양구지역에서 치열한 격전을 벌인 9개 전투, 즉 도솔산, 피의능선, 펀치볼, 백선산, 가칠봉, 대우산, 크리스마스고지, 949고지, 단장의능선 전투의 전쟁사를 재조명하기 위해 건립되었다. 사진은 도솔산 전투 전적비이다.

인제군 서화면 가전리 중포 중대 입구의 제설작업을 돌아보는 필자. 당시 사상 유례없는 폭설로 제5사단 장병 53명이 희생되었다.

중포 중대 중대장 시절 장교들이 지켜보는 가운데 야외 중포 사격 훈련을 지휘하고 있는 모습(박격포탄을 잡고 있는 필자)

없기에 적군은 가칠봉 점령을 위해 죽기 살기로 도전해 왔다.

얼마나 치열한 전투였는지 장교가 없어 하사관이 중대장을 임시로 대신할 정도였다. 우리 5사단은 말로 다 표현하기 어려운 엄청난 피의 대가를 치르고 해안면을 지켜냈다. 그리고 그 혜택은 오늘날 우리가 누리고 있다. 필자가 소대장으로 부임하기 한 달 전 전투였다. 소대원들은 해안분지의 만대리 벌판과 가칠봉 전투의 생생한 비화를 빠짐없이 신임 소대장에게 들려주었다.

오늘날 펀치볼 동부 능선 아래의 양구전쟁기념관을 거쳐 달산령(807)을 지나 1037고지 전망대에 이르면 적지를 일목요연하게 관찰할 수 있다.

제4장

방산(方山) 도폭

〈연구에 이용된 도폭〉

- 현용도의 방산(方山) 도폭
- 독부도의 대정리(大井里) 도폭, 문등(文登) 도폭 상반
- 북소도의 점방리(占方里) 도폭, 문등리(文登里) 도폭 상반

1. 지리적 위치와 지질·지형

도폭의 수리적 절대적 위치는 38°15′~30′N 127°45′~128°00′E이다. 행정적 위치를 보면, 도폭의 서부를 남북으로 관류하는 북한강 우안은 철원군 원동면이고 좌안은 철원군 임남면에 속하며, 도폭 남서부 한강 좌우안은 화천군 화천읍, 그와 경계하여 동쪽은 양구군 방산면이다.

비교적 위치는 한국의 중부 산악지대에 해당한다. 비무장지대는 도폭의 중남부에 치우치며 철원군 원동면과 임남면 및 양구군 방산면에 걸쳐 있다. 대체로 파로호와 평화의댐 북방에 펼쳐지며 6·25 전쟁의 격전지가 많다. 필자 또한 제5사단 35연대 10중대장으로 중공군에 포위되어 5일간 주간에는 수풀 속에 숨어 있다가 야간행동으로 아군 진지로 돌아왔던 수난의 땅이기도 하다.

역내의 지질은 대체로 북한강을 끼고 좌·우안에 고원생계 상부인 경기변성암 복합체에 해당하는 석류석 화강편마암이 분포하는 것으로 단조로움을 나타내고 있다. 그러나 도폭 남동부의 양구군 방산면 고방산리에서 오미리에 이르는 수입천水入川 변을 따라 지표 지질은 복잡하게 펼쳐진다.

구체적으로 살펴보면 두타연 남쪽 3km 지점의 고방산리로부터 시작하여 송현리, 현리, 오미리로 이어지는 송현 충상단층과 배사습곡에 의해 지표 지질은 복잡하며 고원생계의 편암, 흑운모편마암

방 산 (方 山)

1 : 50,000 지형도 도엽번호 NJ 52-6-15

방산(Bangsan)

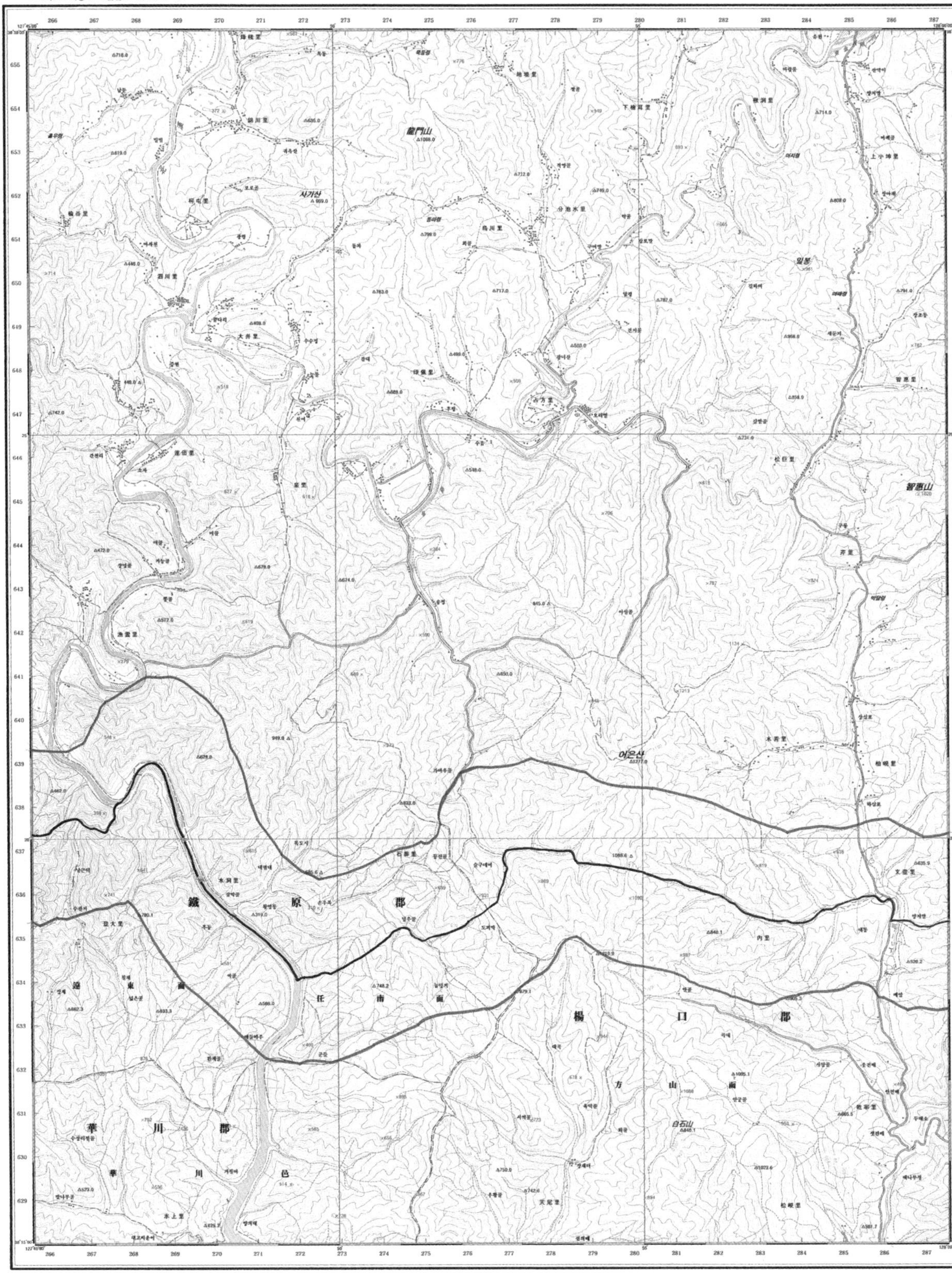

1975년 편집, 2012년 수정 (2012년 조사), 2019년 인쇄

축 척 1 : 50,000 (1cm=500m)

국토지리정보원 http://www.ngii.go.kr

신원생계의 각섬암 등을 주 구성암으로 지표 지질은 펼쳐진다.

도폭 내의 특색 있는 지형을 살펴보면, 도폭의 서쪽에서 남북으로 관류하는 북한강이 있다. 북한강은 도폭 내에서 산악지대를 깊이 개석하며 감입곡류하고 있는데 이것만 보아도 고도가 높은 산악지대임을 알 수 있다. 한편 도폭의 동부 양구군 방산면에는 북한강 지류인 수입천이 북에서 남으로 흐르는데 유역에는 범람원의 발달이 현저하여 많은 취락이 분포한다.

2. 기후와 식생

방산 도폭의 지역은 산악지대로서 휴전선 서쪽으로 백암산 1179고지와 한강을 건너 동쪽에는 백석산과 어은산(1277) 등이 자리 잡고 있는 한국 중동부의 전형적 산악기후 지역이다. 겨울철은 북서

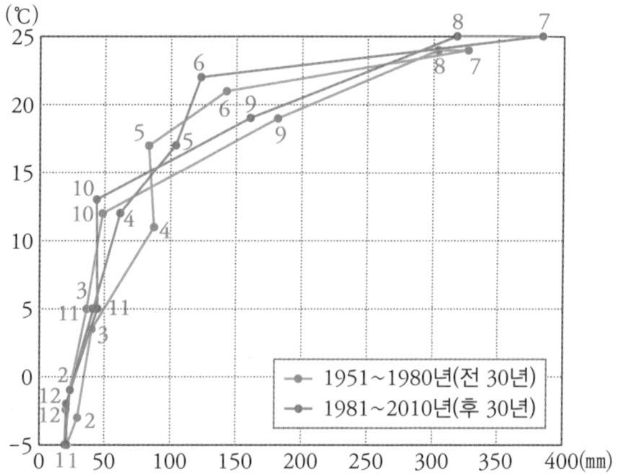

방산의 클라이오모그래프(춘천의 관측치 적용)

1월	2월	3월	4월	5월	6월	7월	8월	9월	10월	11월	12월	전년	기상대 위치	높이
-5	-3	3.5	11	17	21	24	24	19	12	5	-2.4	10.5℃	37°54′N	H
22	30	41	88	84	143	327	304	142	49	37	21	1,288mm	127°44′E	74m

1951~1980년까지 30년 통계(청색선)

1월	2월	3월	4월	5월	6월	7월	8월	9월	10월	11월	12월	전년	기상대 위치	높이
-5	-1	5	12	17	22	25	25	19	13	5	-2	11.1℃	상동	상동
20	24	42	62	104	123	384	318	161	44	45	21	1,348mm	상동	상동

1981~2010년까지 30년 통계(적색선)

전 30년에 비해 후 30년의 통계치는 평균기온이 약 1℃ 상승하고 강수량이 60mm 증가하였음을 보여 준다. 우기는 여전히 7~8월이고 건기는 겨울철이다. 기온의 상승은 매우 우려되나 강수량의 증가는 큰 문제가 없을 것 같다.

계절풍 시베리아기단의 영향으로 한랭 건조하며 봄과 가을철에는 오호츠크기단의 영향으로 냉량 다습하다.

그러나 1970년대에 들어서며 소양댐, 춘천댐, 의암댐과 일본인들에 의해 건설된 화천댐 등이 지역의 기후를 조절하고 순화시키는 기능이 있다. 또한 20세기 말부터 21세기 초에 걸친 지구적 기온 상승의 여파로 이 지역은 냉대성 기후에서 온대성 기후로 이행하는 과정에 있다고 볼 수 있다.

3. 비무장지대 내 거민의 흔적

본 도폭에서는 비무장지대 북쪽으로 금강천이, 남동쪽으로는 수입천이 북한강에 합류하고 있는데 이들 하곡에는 많은 주민이 대대로 살아왔고 또 살고 있다. 그러나 동란의 참화를 입은 주민들은 생활의 터전을 잃고 살았던 흔적만 남기고 사라졌다.

비무장지대의 동쪽에서 서쪽으로 진행하며 거민의 흔적을 살펴보면, 동쪽의 수입천과 수입천 지류인 내동천 천변을 따라 면소재지 문등文登과 양지말陽村이 입지하였고 수입천 남쪽으로 강가를 따라 잔바우盃岩 일대의 곡저 평야에는 50호 이상의 산촌이 입지하였다.

다시 중앙분계선에서 서진하며 내동內洞과 내리內里계곡 및 술구네미와 바우골岩洞계곡을 따라 적지 않은 거민이 있었다.

술구네미 서쪽 너머 계곡을 따라서는 중앙분계선상에 도피막都皮幕과 노루골廣石洞, 북쪽으로 통선골通先谷과 석장리石葬里, 남쪽으로 택파원澤波源과 손우목孫右目, 황병골黃柄洞에 이어 북한강에 이르러 수동리 삼막골에 거민이 있었으나 현재로는 역사상에 이름만 남기고 완전히 폐허화하였다.

이후 중앙분계선은 철원군 원동면과 임남면 면계인 북한강을 따라 북상하다가 금성천이 북한강에 합류하는 지점에서 하류 쪽으로 2.5km 지점의 359고지 남쪽 안부에서 계곡을 따라 가다가 금성천 양지말 강가에서 금성천을 따라 서진하게 된다.

결국 필자가 보병 중대장으로 싸우던 수난의 땅은 사수하지 못하고 작전상 후퇴하였기 때문에 북쪽 한계선 안쪽으로 포함되었다. 평화공원이 실현되어야 옛날의 추억을 회상하며 답사해 보련만, 그러기에는 내 나이가 이미 90 중반으로 가고 있으니 상상의 세계에서 그려 보기만 한다.

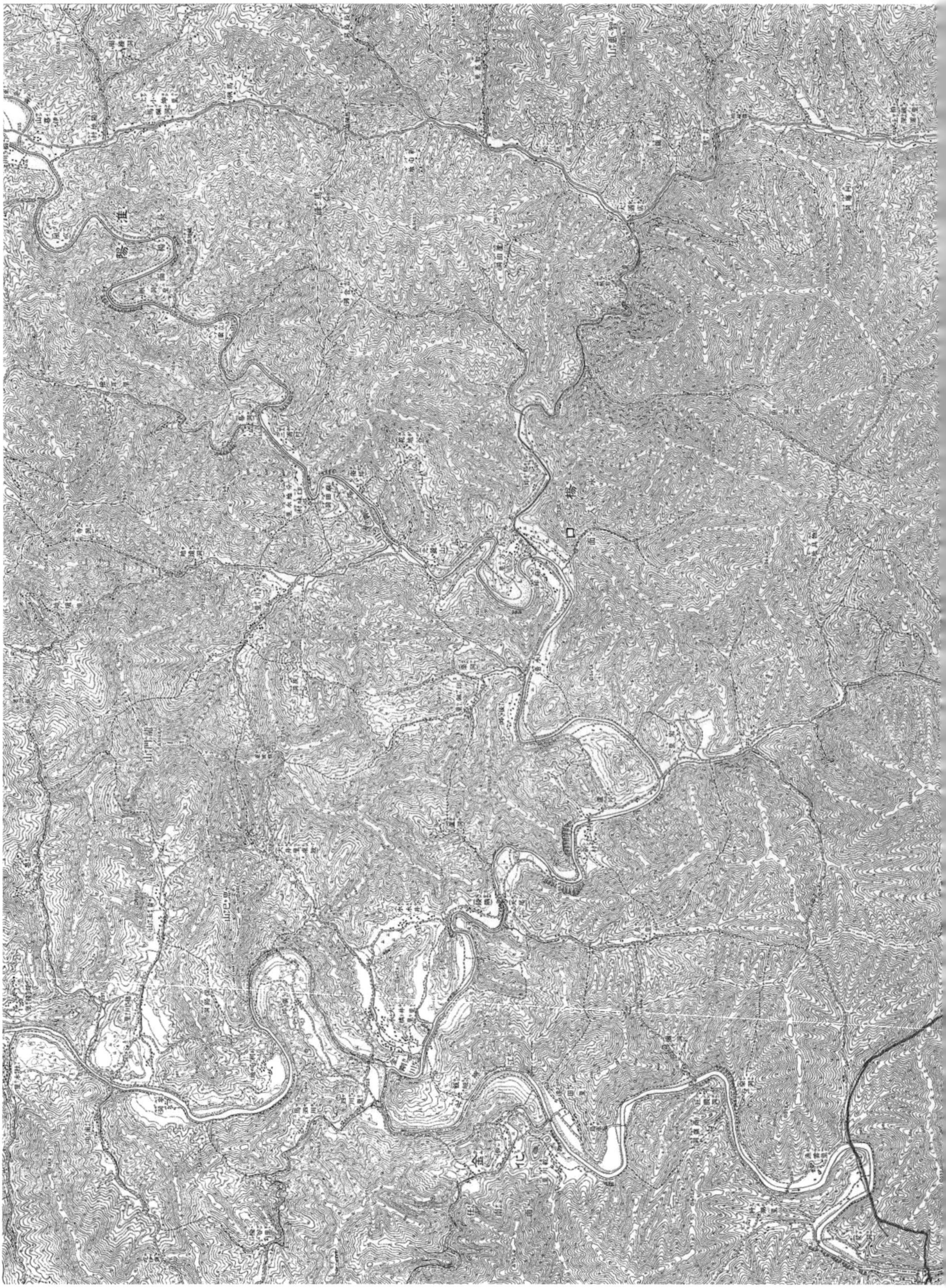

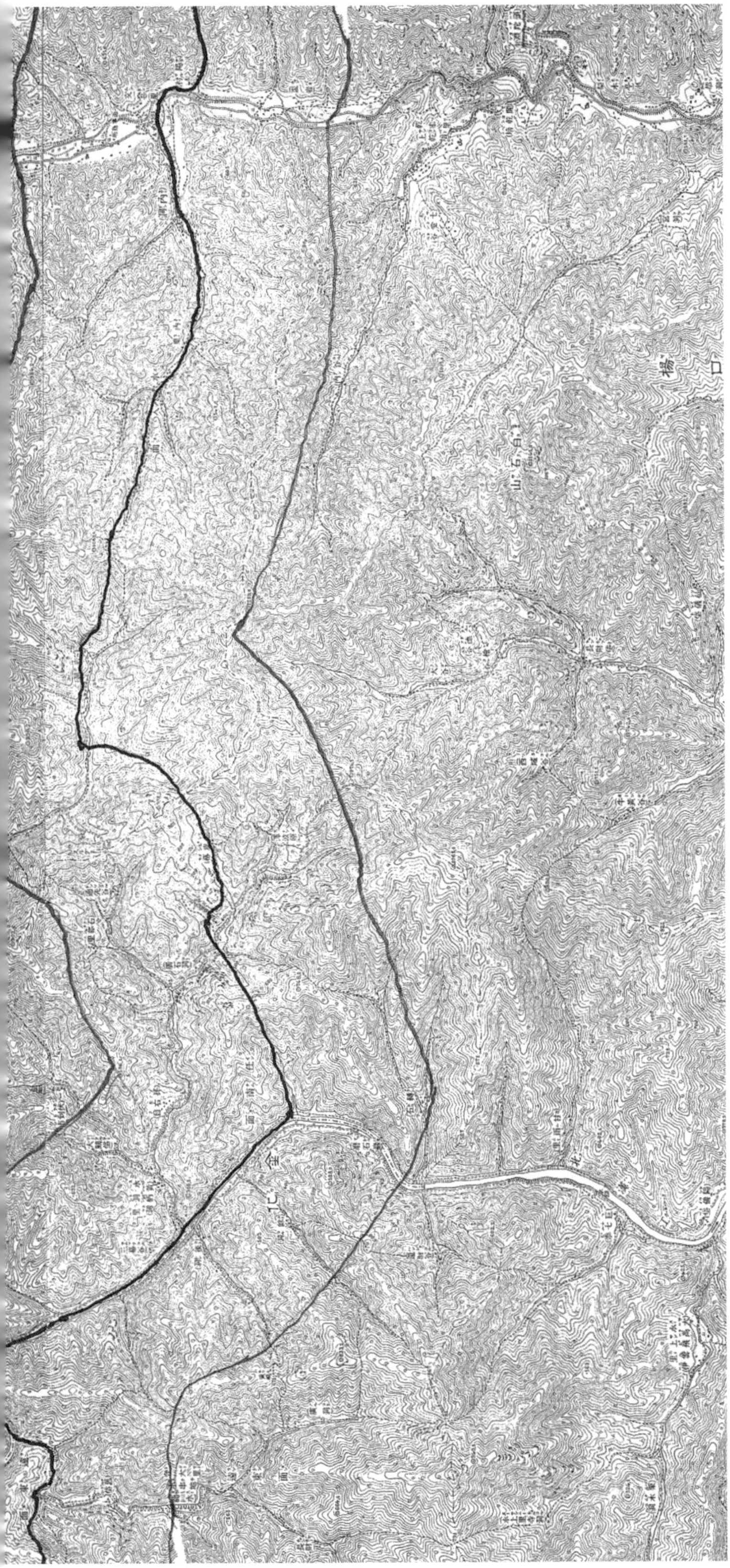

독부도 대정리(大井里) 도폭에 문등(文登) 도폭의 상반을 연결함

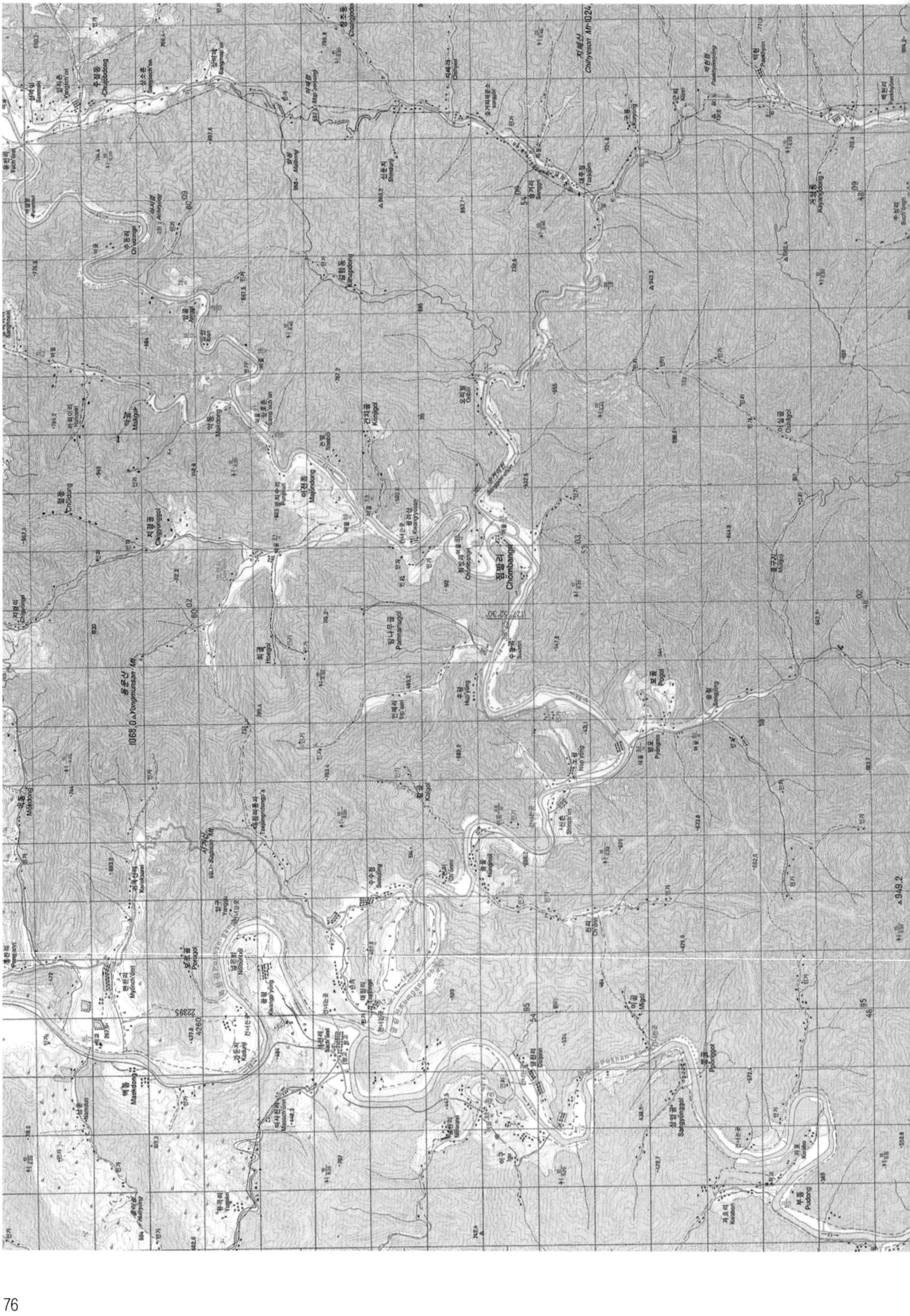

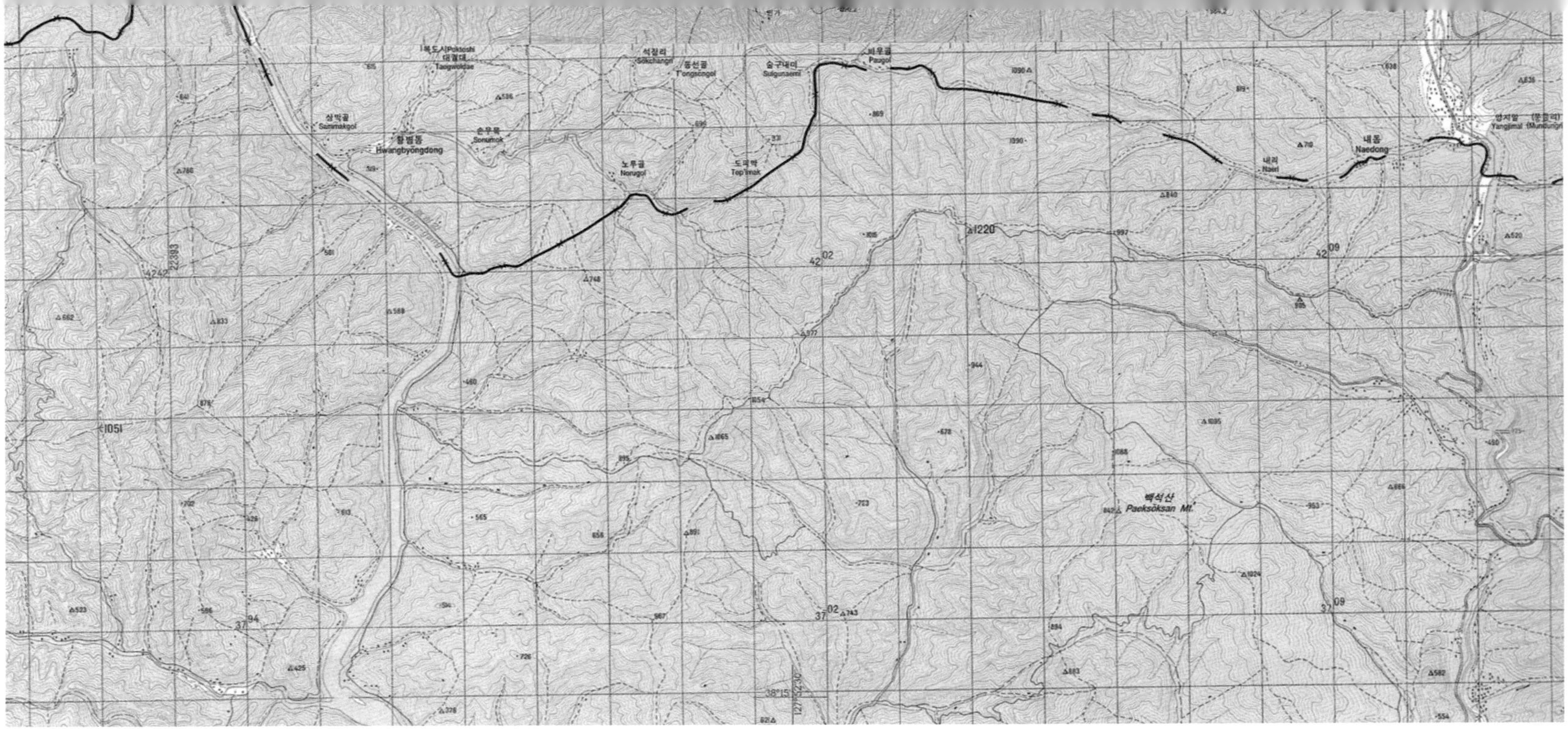

북소도 점방리(占方里) 도폭에 문등리(文登里) 도폭의 상반을 연결함

4. 비무장지대와 연계 가능한 관광자원

한때 북한이 금강산댐으로 수공水攻을 하면 서울이 물밑 20m 아래로 잠긴다고 하여 거리 모금을 통해 건설한 평화의댐이 바로 이곳에 있다. 화천군과 양구군 접경인 물어구 위 북한강 협곡에 건설되어 있다. 주변에 평화의댐 물문화관도 있다.

1987년 7월 2일에 착공한 평화의댐은 2차에 걸친 보강공사 끝에 현재의 모습으로 완공되었으며 상대적 높이는 북한강 바닥에서 125m이며 길이는 601m, 저수량은 26.3억m^3이다. 이 외에도 수공에 대비해 거대한 배수공 4개를 굴착하였는데 댐 상류 우안에서 시작해 댐 하류 1km 지점으로 빠지도록 설계하였다. 이들 배수 터널은 공경 10m의 크기로 수위를 안전하게 조절할 수 있다.

통일된 한국의 밝은 미래와 균형 있는 개발을 위해서는 67년간 폐쇄되어 온 비무장지대를 평화공원으로 개발하기 위해 노력을 해야 한다. 도폭 내의 전적지, 산재한 관광자원을 한데 묶어 관광권을

평화의댐 표지석

평화의댐

평화의댐 물문화관(출처: 대한민국역사박물관)

두타연(출처: 한국관광공사 사진갤러리-김지호)

필자는 6개월간의 훈련을 무사히 마치고 1951년 10월 13일 육군 소위로 임관되어 5사단 35연대 8중대 소대장으로 임명되었다.

갑종 3기생들은 휴전회담 말기의 최전선 중대장으로 용전분투한 전우이다. 노익장을 과시하며 전적지 순례로 우의를 다졌다.

갑종 3기생들이 칠성전망대 일대의 상황 설명을 청취하고 있다.

금성지구 GOP에서 칠성전망대를 배경으로 중대장의 설명을 청취하고 있다.

조성함도 이런 관점에서다.

인근에 남북의 대치 상황을 체험할 수 있는 칠성전망대가 있으며, 금성천의 북한강 합류점으로부터 시작된 장장 30km의 흐름은 한국 최대의 감입곡류천incised meander을 공부할 수 있는 곳이다.

한편 수입천의 경사 변환점에 발달한 폭포 두타연은 일찍이 경관이 수려한 유원지로 알려져 관광객의 발길이 끊이지 않고 있다. 수입천도 북한강처럼 파로호로 유입된다. 파로호뿐만 아니라 소양호와 춘천호, 의암호 등 연계 가능한 수상 관광지가 있다.

5. 보병 제5사단 35연대 10중대 중대장으로 겪은 수난

필자는 육군기갑학교(육군기계화학교)에서 훈련을 받던 중 1953년 5월 급히 원대 복귀 명령을 받고 북한강 기슭의 5사단 사령부를 거쳐 35연대로 원대 복귀하였다. 연대장 박창원 대령은 신고를 받자마자 10중대장이 없으니 속히 고지로 올라가서 중대를 지휘하라고 했다. 중대는 새로 보충된 신병으로 고참병은 거의 없었고 갑종 5기생 부중대장과 신임 소대장 4명도 충원되어 있었다. 35연대는 북한강 좌안의 949고지에서 중공군의 기습공격을 받아 강가에 자리 잡은 수송부에 도열한 30여 대의 차량을 버리고 북한강을 건너야만 했다. 그 과정에서 많은 전우가 익사하거나 중공군에 포로가 되었던 것이다.

다시 병력과 장비를 보충받아 우리 중대가 투입된 곳은 금성천이 북한강에 합류하는 곳의 462고지였다. 그런데 갑작스럽게 10중대를 철수하여 산 아래의 낡은터로 집결하라는 연대 작전 명령을 받았다. 낡은 터에는 인접 중대장과 대대장의 얼굴도 보였으며 연대장조차 상황을 제대로 판단하지 못하고 있었다.

어쨌든 작전 명령을 받고 우리 중대는 원동면 등대리 여내골 동쪽의 무명고지를 점령하고 똑똑한 병사들로 전투정찰조를 편성하여 적정을 살피기 위해 출동하였다. 그런데 이게 웬 날벼락이냐? 중공군의 기습공격이 시작되었다. 이 고지는 이미 증강된 중공군 1개 중대 병력이 점령하고 있었고 공군의 포대 전술에 걸렸다는 것을 직감하였으나 때는 늦은 것이다.

무모하게 죽든가 손들고 중공군의 포로가 되는 길밖에 없다는 순간적 판단으로 중대가 점령하고 있던 10여 미터 절벽 아래로 몸을 날렸다. 정신을 차려 보니 칡넝쿨, 다래넝쿨이 완충작용을 하며 30cm 두께로 쌓인 낙엽 위로 내려놓아 주었다. 물론 찢기고 터지고 피투성이였다. 소대장과 연락병, 상사, 사병 등 고작 15명이 남았다. 중대장으로서의 책임감을 생각하니 사지가 움직이지 않았다. 두텁게 쌓인 낙엽 속을 파고 들어가 위장을 하였다. 수난의 5일이 시작되었다. 생사의 기로에 선 이때의 상황은 35연대 전체의 상황이었다.

시간이 얼마나 흘렀는지 중공군 한 명이 우리 중대원 3명을 포로로 잡고 무장을 해제하여 우리 앞으로 다가오고 있었다. 나는 무의식중에 방아쇠를 당겼다. 한참의 고요가 지난 다음 중공군 분대 병력이 맑은 계곡물을 보고 무기를 내려놓고 옷을 벗은 벌거숭이로 땀을 씻고 있었다. 내가 옆의 소대장더러 집중사격을 하자고 제의하니 포위된 상황에서 전투를 하는 것은 자살행위이니 자제하기를 권고했다. 얼마간의 시간이 흘러 이들이 무장을 하고 우리 쪽으로 다가왔다. 그야말로 일촉즉발의 상황이었다.

다행이 이들은 우리의 잠복을 눈치채지 못한 채 통과하였다. 이제 사지에 마비도 풀리고 이동해야 한다. 한 발자국이라도 남쪽으로 내려가야 한다는 절박감에 계곡을 가로질러 밝은 대낮에 용감하게 이동하는 무모함을 저질렀다. 다시 포위망 속의 적지에서 전투는 시작되었고 전사자도 생겼다. 생존한 우리 장병은 밀림 속으로 들어가 7부 능선 가까이에서 야음을 기다리기로 하였다. 이렇게 하며 5일간 낮에는 음폐와 차폐가 되는 곳에 잠복하고, 밤이면 남으로 남으로 이동하여 아군 진지로 귀환하는 작전이었다.

나는 적지에서 중대장의 지휘권이 먹히지 않는 것을 비로소 깨달았다. 병사들은 전투하는 중대장을 따르면 결국은 죽는다는 생각 아래 고참인 상사를 따라 이탈하였다. 다행히 소대장과 연락병은 끝까지 중대장을 따라주었다. 하지만 다음 날 냇가에서 취사장을 발견하고 윤 소위에게 내려가서 철모에다 된장통의 말라붙은 찌꺼기를 물에 불려 가져오라고 명령했더니 대답만 하고 움직이지 않았다. 며칠 후 야음이 시작되는 갈대 우거진 계류천을 건너다 썩은 갈치 대가리가 널린 것을 발견하였다. 중대장인 나는 아무 말 없이 물에 씻어 먹기 시작하였다. 소대장과 연락병 등 6명도 개울가에 널린 썩은 갈치 대가리를 몽땅 먹어 부근 일대가 깨끗하게 청소되었다. 적지에서는 모든 것을 지휘관인 중대장이 솔선수범해야 한다는 것을 다시 깨달았다.

적지에서의 마감 날, 야간행동을 하는데 어찌나 조명탄이 자주 터지는지 적군에 노출될 것 같아 계류천을 따라 교량 밑으로 물소리와 함께 이동하였다. 갑자기 '손들어' 하는 소리에 나도 모르게 실탄이 장전된 총을 든 채 두 손을 번쩍 들었다. 몇 발의 총성이 울렸으나 주변은 잠잠하였다. 나는 무장해제와 동시에 포박되고 끌려갔다. 그곳에는 36연대에 배속된 동기생 중대장이 있었다. "자네 전사했다는 소식 들었는데 반갑다."고 하며 아군이 포기된 진지를 거의 회복했다고 전하였다. 따라오던 부하들은 내가 포로가 되는 것을 확인하고 도주하였다가 날이 밝으며 아군임을 확인하고는 나타났다. 우리 일행은 연대장이 보낸 차를 타고 35연대로 복귀하였다. 쓰라린 전철을 다시 밟지 않으려고 열심히 군사학을 공부하며 새로 보충된 사병의 교육훈련에 열중하던 중 휴전이 선포되었다.

제5장

금성(金城) 도폭

〈연구에 이용된 도폭〉

- 현용도의 금성(金城) 도폭
- 독부도의 금성(金城) 도폭과 산양리(山陽里) 도폭 상반
- 북소도의 금성(金城) 도폭과 삼현리(三峴里) 도폭 상반

1. 지리적 위치와 지질 · 지형

도폭의 수리적 위치는 38°15′~30′N 127°30′~45′E이다. 행정적 위치는 강원도 철원군 근동면, 근남면, 원남면, 원동면, 김화읍과 화천군 상서면, 화천읍 등 2군 7개 읍면에 해당한다. 비교적 위치는 한국의 중부지방에 해당하며 대체로 남동류하여 가라치加羅峙 부근에서 북한강에 합류하는 금성천 유역이 대부분 여기에 해당한다. 비무장지대는 도폭의 남부를 동서로 가로지르고 있다.

지표 지질은 비교적 단순하다. 근남면 쪽은 대체로 중생대 쥐라기의 대보운동으로 관입된 화강암에 속하는 함석류석 흑운모 화강암이고 도폭의 동반부 대부분 지역은 선캄브리아계의 경기변성암 복합체인 함석류석-화강편마암이다. 이들 암석 사이에 편암과 흑운모 편마암이 끼어 있으나 지형학적 특이사항은 발견되지 않는다. 북한강의 1차 지류인 금성천은 중상류부에서 수지상의 지류가 많이 발달하며 경지가 많아 취락의 발달이 현저하다.

도폭의 남서부에는 남대천이 흘러 임진강과 합류하며 오두산 기슭에서 한강에 합류하여 경기만으로 유입된다. 1,000m가 넘는 산지는 휴전선 남동부의 백암산(1,179)과 휴전선 남부의 적근산(1,071)이 있고 나머지는 중·저산성의 산지이다.

금 성 (金 城)

1 : 50,000 지형도 도엽번호 NJ 52-5-21

금성(Geumseong)

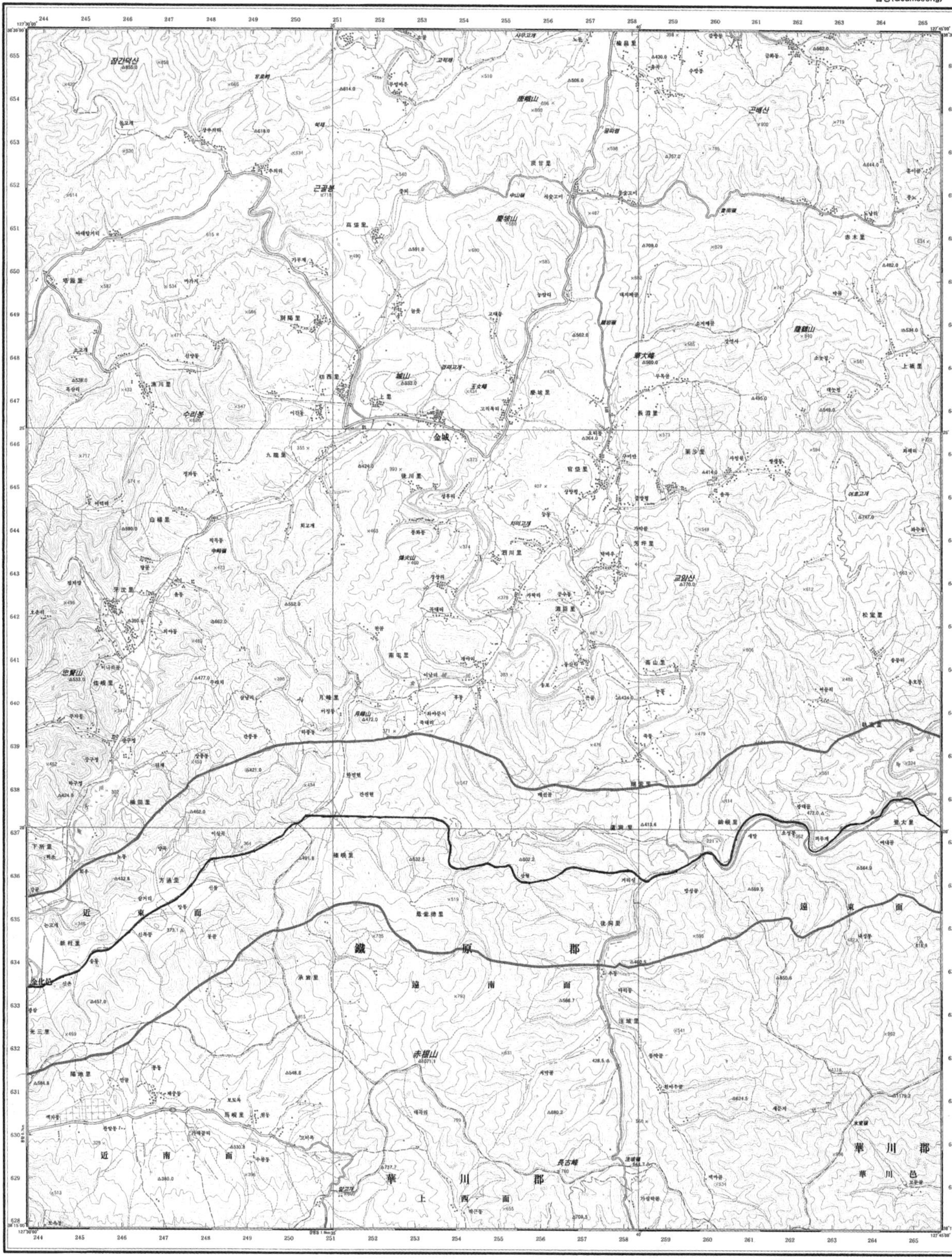

1975년 편집, 2012년 수정 (2012년 조사), 2019년 인쇄

축 척 1 : 50,000 (1cm=500m)

국토지리정보원 http://www.ngii.go.kr

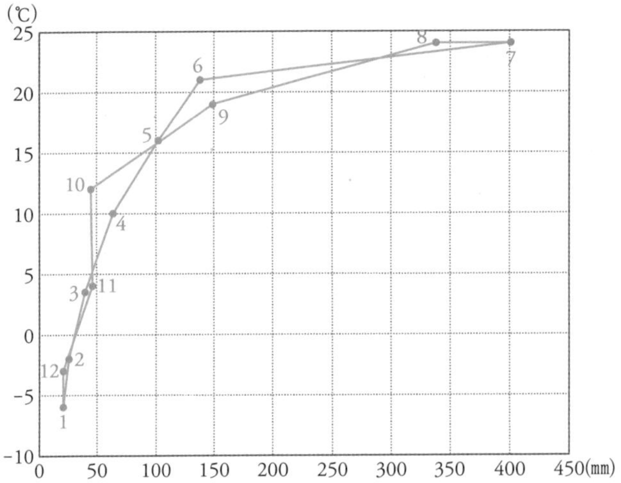

금성의 클라이모그래프(철원의 관측치 적용)

1월	2월	3월	4월	5월	6월	7월	8월	9월	10월	11월	12월	전년	기상대 위치	높이
−6	−2	3.5	10	16	21	24	24	19	12	4	−3	10.2℃	38°08′N	H
21	26	40	64	102	138	401	338	149	45	46.4	21	1,391mm	127°18′E	154m

1, 2, 12월은 영하인 동시 건기이고 8~9월은 우기이다. 전형적인 계절풍 기후를 나타내며 계절의 변화가 뚜렷하다.

2. 기후와 식생

기후학적 특색은 중동부 지방의 전형적 산악기후와 서해의 영향을 받는 기후지역과의 점이 지역으로, 겨울철에는 시베리아기단의 영향을 주로 받고 봄과 가을에는 오호츠크기단의 영향으로 냉량다습하며 여름철에는 북태평양 기단의 영향으로 우기에 들어간다.

식생 또한 동서의 중간성 또는 점이적 성격을 띠며 침엽수와 활엽수가 어울린 혼효림混淆林을 이루며 협소한 한반도의 기후에서 다른 특징은 대동소이하다. 다만 최근에는 기후적 온난화가 뚜렷한 아열대성 기후로의 점이 과정에 있어 재배 작물에서 변화의 징후가 나타나고 있다.

3. 비무장지대 내 거민의 흔적

1917~1918년에 발행된 독부도를 참고로 민거의 흔적을 살펴보면 도폭의 동쪽은 금성천 하곡을

따르고 서부지역은 생활용수를 얻기 쉬운 노변의 곡구부에 촌락들이 입지하고 있었으나 전화를 입어 지금은 흔적만 남긴 채 폐허로 변하였다.

도폭의 동쪽에서 서진하며 지난날 평화로웠던 촌락의 이름과 규모를 살펴보면 대략 다음과 같다. 금성천 단구면인 양지陽地에 10여 호, 등대리登大里에 10여 호, 피서개성皮棲浦城에 10여 호, 광대골廣大洞에 10여 호, 소성동小城洞에 20여 호 등이 입지하였다. 다시 새마을新里 몇 호, 밤성골栗城洞 20여 호, 별우別隅 10여 호, 세현리細峴里 30여 호, 서운리瑞雲里 20여 호 등 4개 마을은 연합된 최대의 촌락군을 이루었다. 이상은 금성천 변의 단구 면이나 계류천이 만든 선상지에 입지한 사례이다.

다음으로 서진하면서 거리실巨里室 몇 호, 후동리後洞里 10여 호, 노동리蘆洞里 10여 호가 입지하고 삼현三峴재를 넘어 봉당덕리鳳堂德里 10여 호, 두속동豆粟洞 10여 호, 간진현間榛峴 몇 호, 진현리榛峴里 30여 호, 하진현下榛峴의 하풍동下楓洞 금광에 이른다.

다시 서진하여 북정령北亭嶺 고개를 넘어 상풍동上楓洞과 중앙분계선상의 이실골梨實洞에 10여 호의 집촌과 그 남쪽의 선돌立石 10여 호의 산촌이 제법 짜임새 있고 다시 방통리芳通里 30여 호가 입지하였다. 삼거리와 방동芳洞에 30여 호, 통골通洞에 30여 호의 집촌을 지나 신목동新木洞 30여 호에서 송동松洞 10여 호, 비무장지대 북방한계선상의 회우回隅는 근동면 소재지로 집촌이 형성되고 신촌新村 10여 호에 이르러 도폭 내의 촌락은 끝난다.

4. 비무장지대와 연계 가능한 관광자원

도폭 내에는 철원군 5개 면, 화천군 2개 면이 있다. 그리고 비무장지대를 중심으로 동쪽은 금성천 유역이고 서쪽은 남대천 유역이다. 휴전선 남쪽으로는 기상 간이관측소가 있는 적근산赤根山(1,071)이 있지만 접근성의 불리함으로 전적지 등의 활용 가치가 비교적 낮다. 그러므로 화천읍, 춘천시와 한데 묶어 관광권을 조성하는 것이 가장 합리적이다.

춘천시를 중심으로 한 파로호, 소양호, 춘천호, 의암호, 평화의댐 등이 연계 가능한 관광자원이다. 금성 도폭 남부에 펼쳐지는 평화의 댐, 6·25 전쟁 중 중공군 격파에 큰 공을 세운 전리품인 파로호, 우리 기술진이 건설한 소양댐, 춘천댐, 의암댐 등을 통해 수자원과 동력자원 외 다목적댐의 효과를 얻고 있다. 다목적댐이 지향하는 최대의 효과는 관개 수리로 가뭄 극복과 홍수 조절이며 동력자원 획득, 수상교통의 편의와 내수자원 조성, 관광자원 조성 및 생활용수 확보와 기후 조절 등이 있어 지역경제의 활성화에 크게 이바지한다.

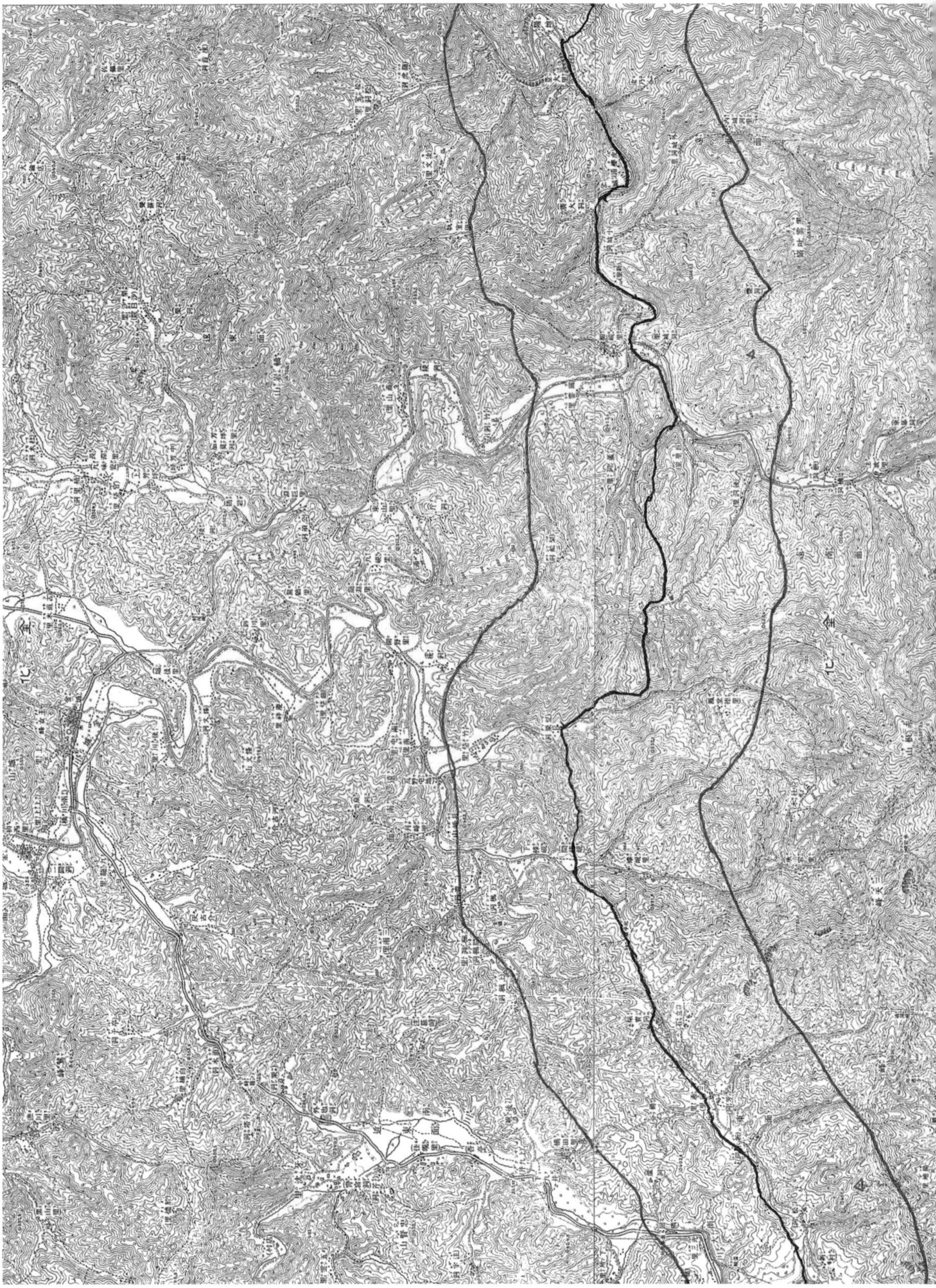

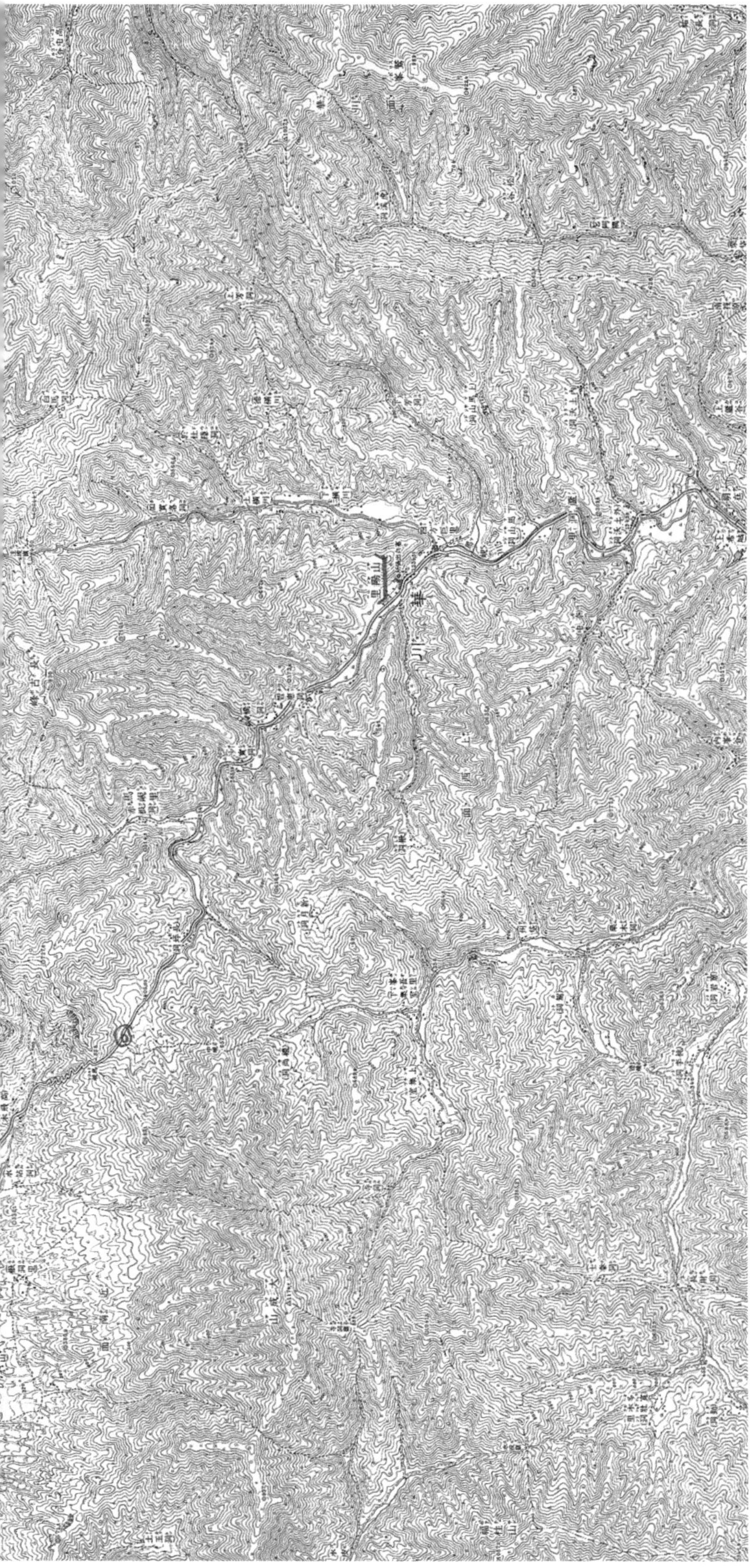

독부도 금성(金城) 도폭에 산양리(山陽里) 도폭 상반 연결

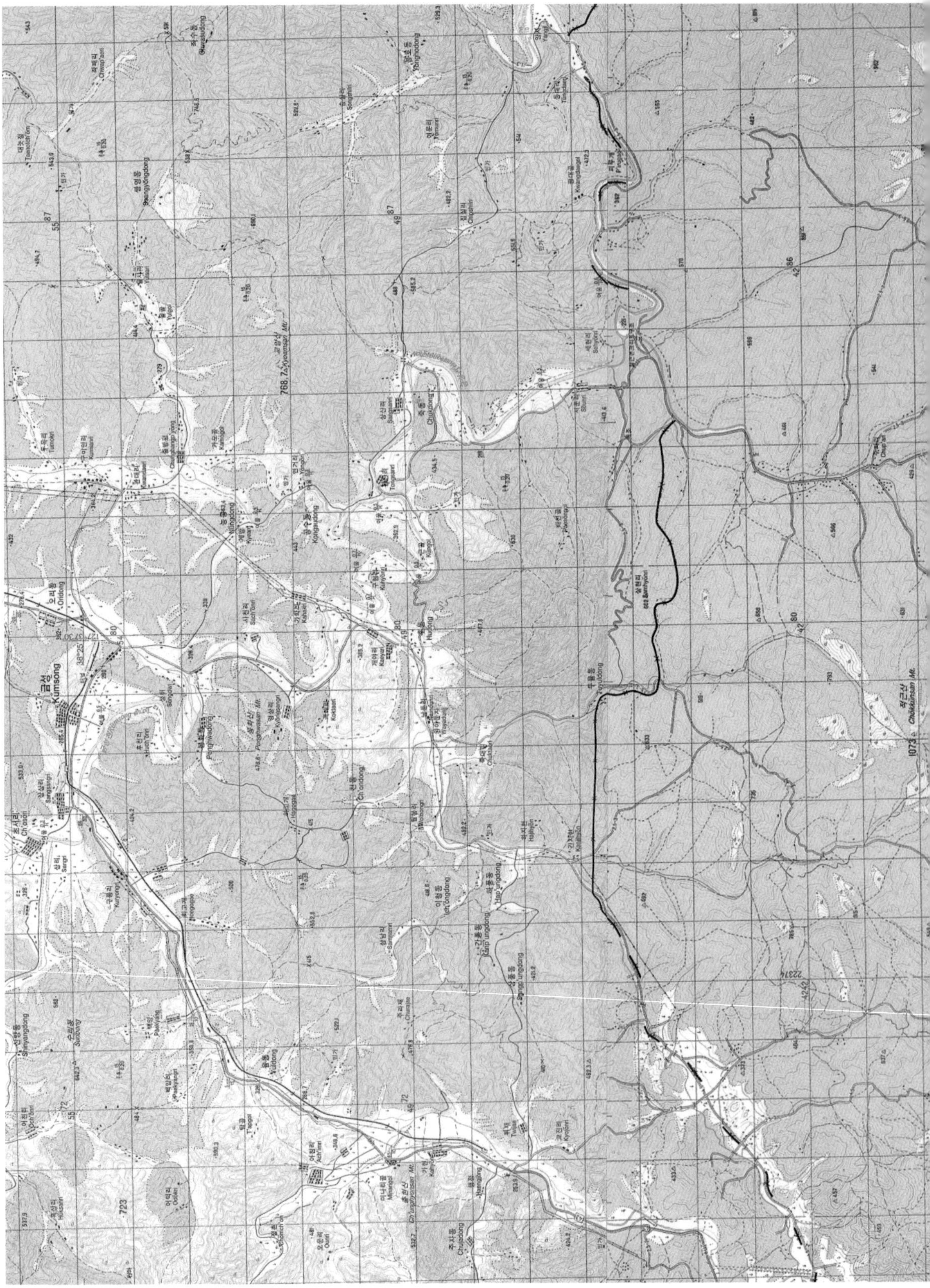
금성
Kumsong

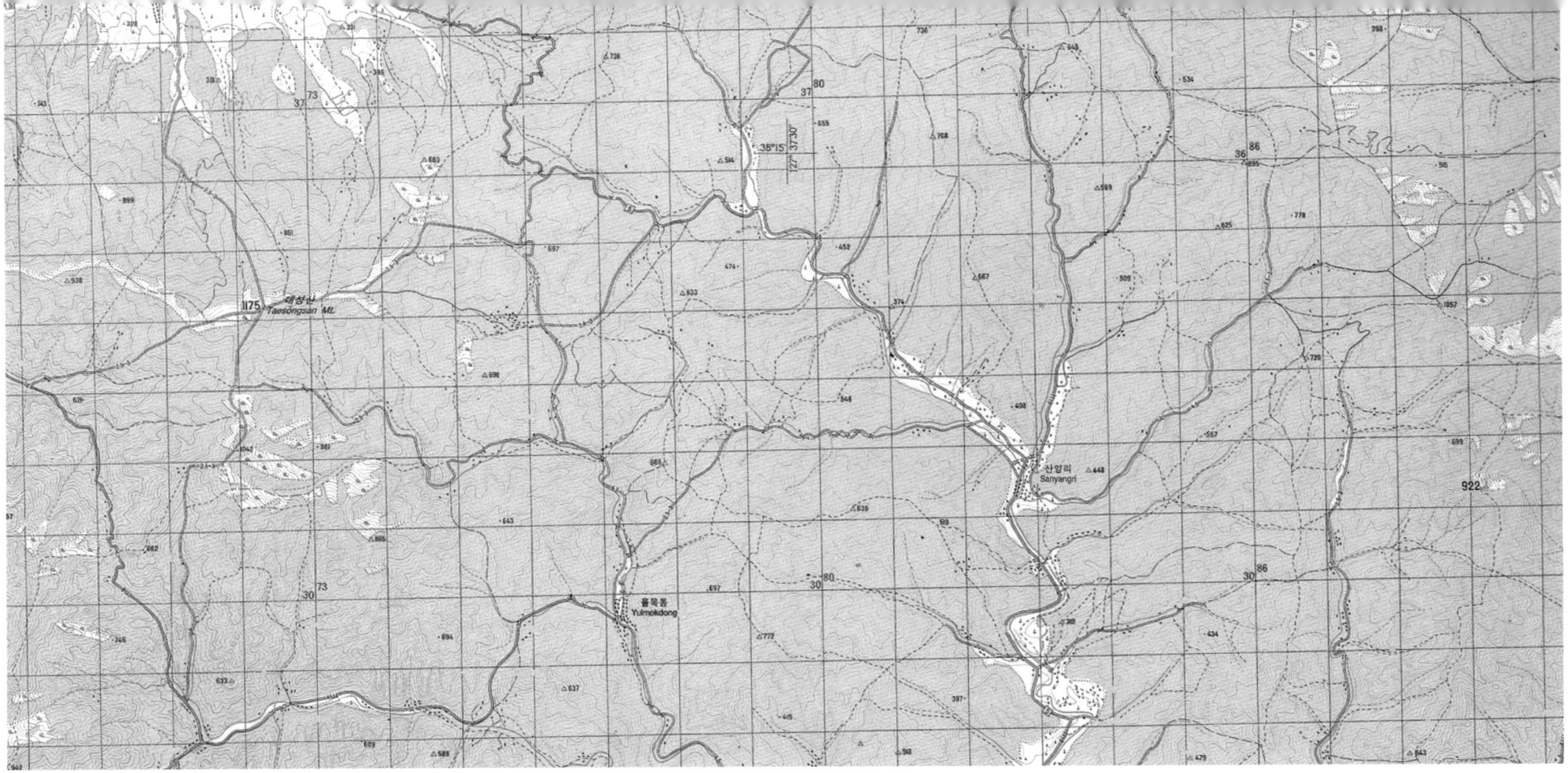

북소도 금성(金城) 도폭에 삼현리(三峴里) 도폭 상반

승리전망대에서 바라보는 감봉리 남대천 일대의 헐벗고 황량한 북한의 산천

승리전망대는 철원군 근남면 광삼리에 입지하며 전망대 중에서는 지형이 매우 험준하고 감시초소(GP)가 가장 많다.

승리전망대 부근은 전 전선을 통하여 감시초소가 가장 밀집된 곳이다. 겹겹이 둘러쳐진 철조망이 그 삼엄함을 보여준다.

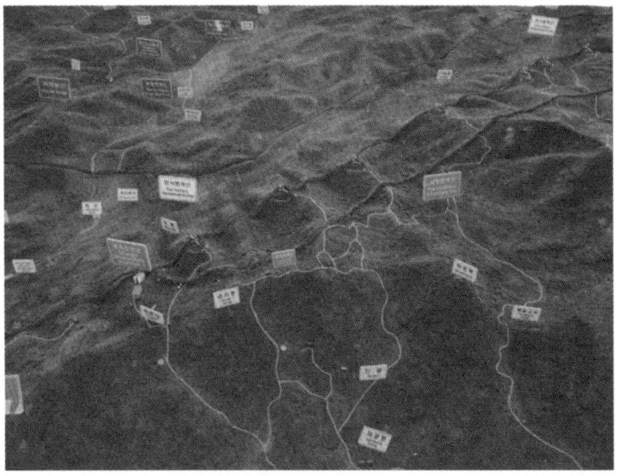

전망대 안에 설치된 사판을 통하여 부근 일대의 지형을 관찰할 수 있다.

1996년의 사상 유례 없는 폭우로 인해 희생된 23명의 장병을 기리는 추모비. 승리부대 장병들이 정성을 모아 건립하였다.

금성지구 전투 전적비. 필자가 35연대 10중대 중대장으로 수난을 당했던 곳이기도 하다. 이곳에서 산화한 전우들의 명복을 빌었다.

철의 삼각지대로 유명한 격전지를 기초로 한 안보 관광지들은 국민적 사기를 고취하는 데 크게 이바지하고 있다. 특히 도폭 내에는 원동면과 원남면의 경계인 흑운토령 북서방 2km에 칠성전망대가 있다. 이 밖에도 도폭 서남부 철원군 근남면과 근동면 경계의 비초봉 북서방 750m에는 승리전망대가 있어 안보 교육의 일익을 담당하고 있다.

제6장

김화(金化) 도폭

〈연구에 이용된 도폭〉

- 현용도의 김화(金化) 도폭
- 독부도의 평강(平康) 도폭과 김화(金化) 도폭 상반
- 북소도(의 평강(平康) 도폭과 지촌(芝村) 도폭 상반

1. 지리적 위치와 지질·지형

도폭의 수리적 절대적 위치는 38°15′~30′N, 127°15′~30′E 사이이며 행정적 위치는 동송읍, 갈말읍, 근북면, 김화읍, 근동면, 서면, 근남면 등 강원도 철원군 7개 읍면이 모두 속하며 도폭의 전 지역이 한탄강 유역이다. 비교적 위치는 서울과 원산을 이어주는 경원선 철도가 추가령楸哥嶺구조곡을 달리는 곳이다.

지표 지질을 보면 선신세에서 홍적세에 걸친 용암의 열하분출裂罅噴出로 생성된 용암대지의 특징적인 지모가 나타난다. 도폭의 남서 모퉁이에는 현무암 대지의 개석곡과 주상절리 및 곡중곡谷中谷 지형이 관찰된다.

남대천은 특이한 형태로 한탄강에 합류하는데 부근 일대의 지질은 남대천이 한탄강에 합류하는 좌우안에 대보운동으로 관입된 흑운모 화강암이, 그 외곽에는 명성산 화강암이 분포하며 남서쪽 갈말면 하곡을 따라서는 현무암의 강안 절벽과 주상절리의 발달도 관찰된다. 또한 북류하는 남대천이 하토下土동 교량에서 좌측으로 급선회해서 남류하며 한탄강에 합류하는 기이한 현상도 나타난다. 이는 신생대 제4기 현무암의 열하분출과 깊은 관련성이 있는 것으로 보인다.

김 화 (金 化)

1 : 50,000 지형도 도엽번호 NJ 52-5-20

김화(Gimhwa)

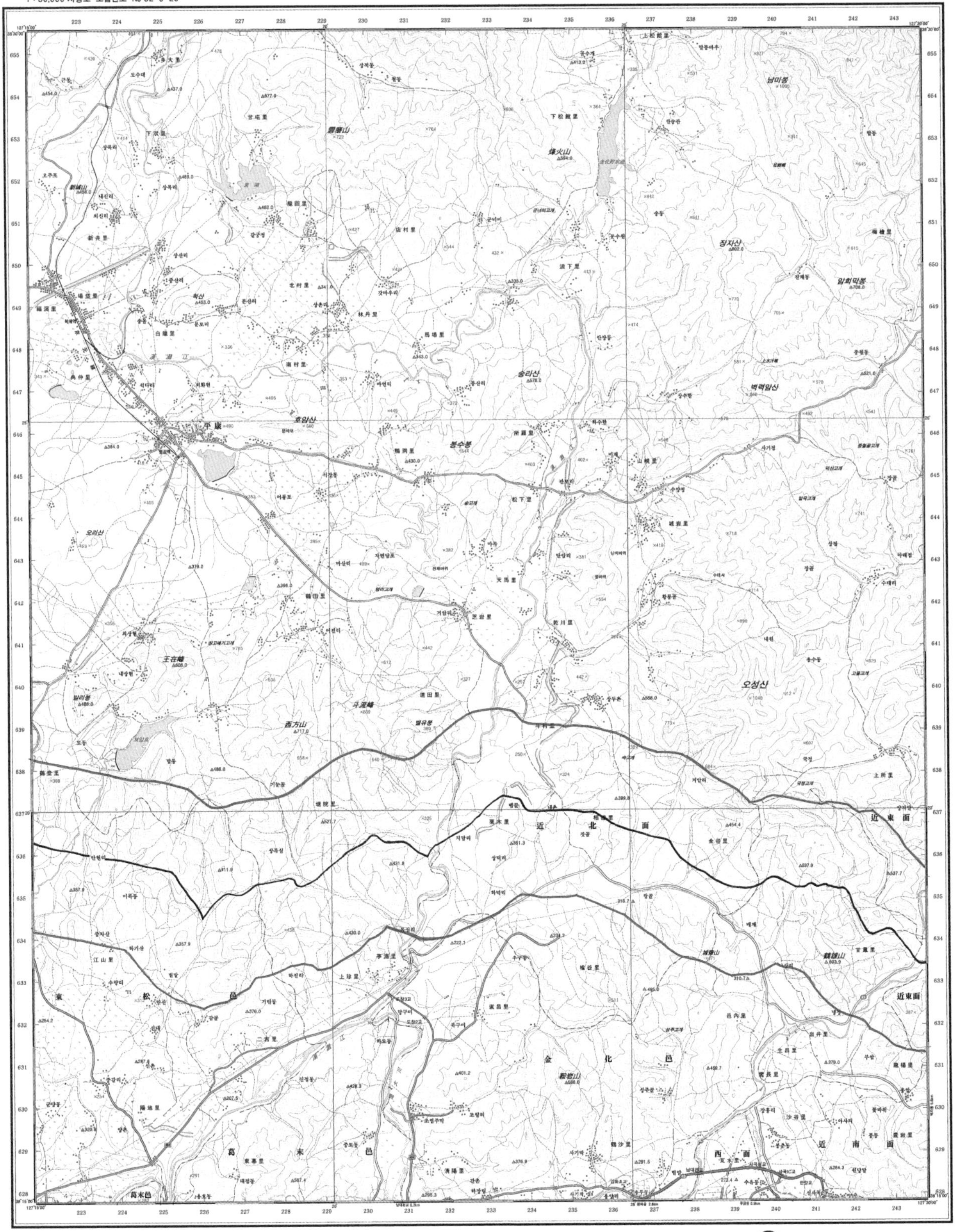

1975년 편집, 2012년 수정 (2012년조사), 2019년 인쇄

축 척 1 : 50,000 (1cm=500m)

국토지리정보원 http://www.ngii.go.kr

2. 철의 삼각지대에 매장된 지하자원

1940년 11월 일본의 저명한 지질광물학자들이 분야별로 총동원되어 조선총독부 지질조사소가 펴낸『조선광물지朝鮮鑛物誌』를 살펴보면 당시의 강원도 김화군은 각종 지하자원이 널려 있는 전시장 같은 인상을 받는다. 물론 현재는 김화군 자체는 없어지고 지난날 김화군에 속했던 휴전선 이남의 모든 면은 철원군에 통합되어 상황 판단이 어렵다. 따라서 일제강점기 말기의 행정구역별 광물자원의 주산지로 명시된 면과 동리만 목록을 만들어 광종별로 파악하여 보면 다음과 같다.

먼저 유화광물인데 ① 창연광Tetradymite(Bi_2Te_2S)은 창도면 득사리, 유창리와 원북면 고직리의 중천창도광산이 한국의 주산지 중 한 곳으로, ② 섬아연광Sphalerite(ZnS)은 원북면 법수현리, 창도면 득사리와 유정리, 원북면 고직리의 중천창도광산이 주산지로 기록되었다. ③ 자류철광Pyrrhotite(Fe_7S_8)은 원북면 감천리, 추의리와 창도면 득사리, 창도리, 중천리의 창도광산이, ④ 황철광Pyrite(FeS_2)은 원북면 고직리, 감천리, 추의리의 원북광산, 창도면 득사리, 유창리, 창도리의 일실창도광산과 금화광산, 회현리, 학방리의 중천창도광산이 주산지로 기록되었다. 이 밖에도 금성면 매회리 스미토모住友 금성광산, 탑거리 금성광산, 후천리 금성광산을 비롯해 원남면 구룡리, 월봉리, 경상리, 근동면 교전리, 아침리, 임남면 좌패리, 상판리 등지가 우리나라 황철광의 주산지로 기록되었다. ⑤ 황철니켈광Bravoite($(FeNi)S_2$)은 금성면 탑거리의 함니켈자류철광의 노두부에 생긴 것으로 천수(빗물 등)로 인해 2차적으로 생성된 광물이며 홍자색 내지 담자색을 나타내고 유연하다. ⑥ 유비철광Aresenopyrite(FeAsS)은 원북면 법수현리 등 여러 곳이 주산지로 기록되었다.

노석鹵石광물인 형석Fluorite(CaF_2)은 북면 황용동, 건천리, 산현리의 금화광산이 유일하게 주산지로 기재되었다.

산화광물로는 ① 담백석Opal($Sio_2\cdot nH_2O$)이 근북면 건천리에서 종유상으로 산출되고 ② 적철광Hematite(Fe_2O_3)은 근북면 건천리, ③ 티탄철광Ilmenite($Fe_2{}^{+}TiO_3$)은 근북면 건천리, ④ 갈철광Limonite($Fe_2\cdot H_2O$)은 원북면 고직리 휴암鵂岩 및 감동리 소곡蘇谷과 금성면 매회리, 창도면 회현리가 주산지에 이름을 올렸다. ⑤ 경망가니즈광Psilomelane은 근동면 진현리와 하진현이 주산지에 이름을 올렸다.

탄산염광물인 ① 방해석Calcite($CaCO_3$)은 근북면 산현리의 금화광산 및 금강광산, 원동면 송실리와 장연리의 원동금산, 창도면 방성리와 금성면 어천리(어덕리)와 원북면 고직리의 원북광산 등이 주산지에 이름을 올렸다. ② 철고회석Ankerite($Ca(Fe_2{}^{+}, Mg, Mn)(Co_3)_2$)은 원동면 장연리의 원동금광 ③ 공작석Malachite($Cu_2CO_3(OH)_2$)은 임남면 노남리가 주산지에 이름을 올렸다.

규산염광물로 ① 규회석Wollastonite($CaSiO_3$)은 창도면 학방리 금학동이 주산지로, ② 장미휘석

Rhodonite$(Mn_2+Ca)_5Si_5O_{1\ 5})$은 원남면 풍동리, ③ 투각섬석Tremolite$(Ca_2Mg_5Si_8O_{2\ 2}(OH)_2)$은 창도면 학방리 금학동, ④ 하석Nepheline$((Na_2,K_2,Ca)_4Al_8Si_9O_{3\ 4})$은 근북면 산현리, ⑤ 망간 석류석Spessartite$(Mn_3Al_2(SiO_4)_3)$은 원남면 풍동리가 주산지로 기재되었다. ⑥ 갈렴석Allanite(HCaFe)은 금성면 탑거리, ⑦ 경녹니석Chloritoid $(H_2(Fe, Mg)Al_2SiO_7)$은 금성면 매회동과 탑동, ⑧ 석면Asbestos은 금화면 감봉리와 금동면 수태리, ⑨ 활석Talc$(H_2Mg_2(SiO_2)_4)$은 금성면 구룡리와 창도면 유창리, 원남면 구룡리, 근동면 광삼리, 금화면 감봉리가 주산지로 기재되었다.

인산염광물인 코발트화Cobalt bloom$(Co_3(AsO_4)_28H_2O)$는 원동면 장연리 원동금산이 주산지로 기재되었고, 류산염광물인 중정석Barite$(BaSO_4)$은 창도면 학방리 중천창도광산이 주산지로 이름을 올리는 등 1940년대의 강원도 김화군은 우리나라 굴지의 지하자원의 보고임을 입증하여 준다. 전체 광물의 유형은 7개 분야이며 광종은 26광종이다.

이와 같은 자원의 보고는 광복 이후의 혼란과 6·25 전쟁과 휴전으로 설정된 비무장지대와 민통선의 이름으로 완전히 폐쇄되고 단절되어 70년이란 세월이 무의미하게 흐르고 말았다. 이러한 자원을 다시 조사하고 개발할 날을 꿈꿔 본다.

3. 기후와 식생

도폭 내는 추가령구조곡으로 이어지는 도폭 서부지역과 신생대 제4기에 용암이 열하분출하여 생성된 대상지臺狀地 전체가 한탄강 유역에 해당되며 이들 곡간의 대지상에는 넓은 충적 평야들이 발달하여 경지가 많고 넉넉한 인구를 수용하여 왔다.

기후는 대체로 중동부 산악지대와 남서부 평야지대의 점이지역으로 변덕스러우며 한서의 차가 뚜렷한 편이다. 식생에 있어서도 점이적 성격을 뚜렷이 나타내고 있다.

4. 비무장지대 내 거민의 흔적

비무장지대 중앙분계선을 중심으로 서진하면서 중요한 마을들을 살펴보면 대략 다음과 같다. 감봉리甘鳳里에 20여 호, 봉미鳳尾에 30여 호, 하감령下甘嶺, 상감령上甘嶺에 계류천 따라 50여 호, 송정松亭과 배재梨峴에 30여 호가 입지하였다.

독부도 평강(平康) 도폭에 김화(金化) 도폭 상반 연결

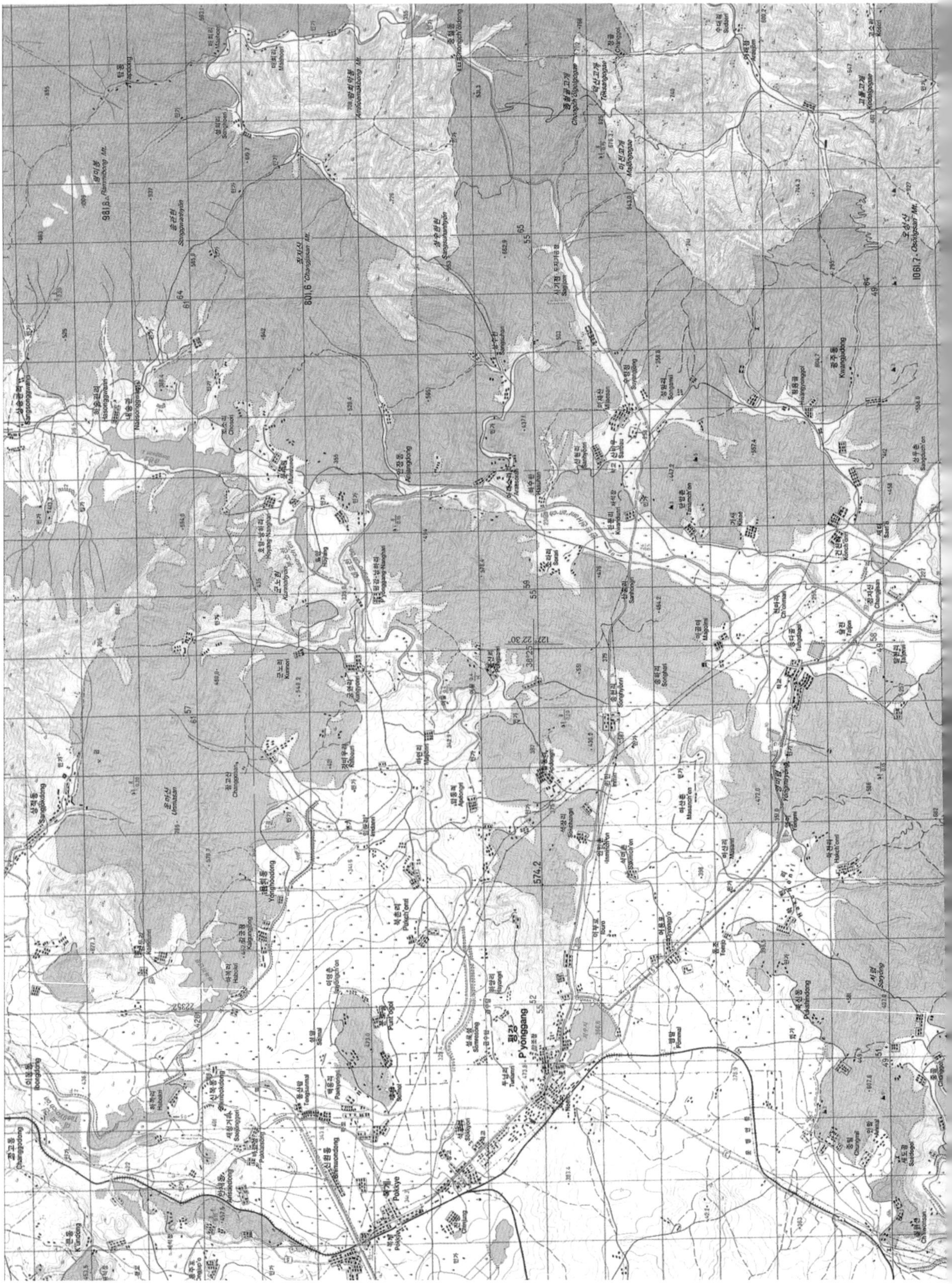

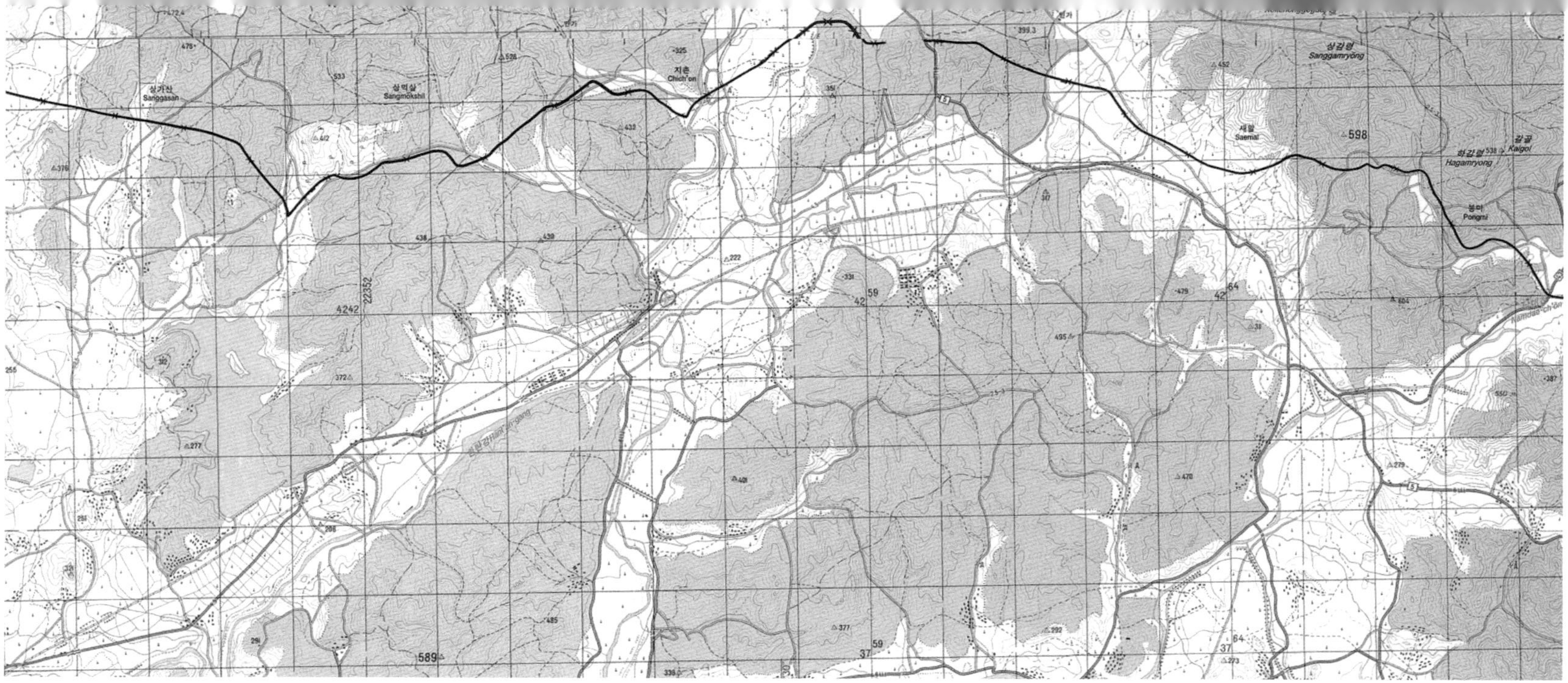

북소도 평강(平康) 도폭에 지촌(芝村) 도폭 상반 연결

서진을 계속하면 새말新村에 10여 호, 방어다리防禦橋에 6호, 금곡리金谷里에 100여 호, 영대靈臺에 20호, 숙고개宿峴에 몇 가구, 백덕리柏德里와 잣골栢洞에 30호, 연봉정蓮峯亭에 몇 가구가 있었다. 계속하여 형석 광산이 있는 만도萬道에 20여 호가 있었고 두포동斗浦洞 내촌內村은 근북면近北面 소재지로 시가지를 이루었고 율목리栗木里를 지나 한탄강 가의 지촌芝村나루터에 집촌이 있었다.

한탄강을 끼고 지갑리地甲里 일대에서는 강안에 산촌을 이루었고 서진하면 당원리唐院里, 상묵골上墨谷, 중묵골中墨谷, 묵곡리墨谷里, 송내동松內洞, 사기막沙器幕, 벌말野村에 이르며, 다시 미록동米鹿洞, 상가산上佳山과 중가산中佳山, 만연리萬淵里, 학당리鶴當里에 이른다. 최대의 집촌은 김화읍이다.

5. 비무장지대와 연계 가능한 관광자원

김화 도폭의 연계 가능한 관광자원은 동송읍과 포천시와의 연계와 비무장지대 남방한계선에 가장 근접한 김화읍 그 자체가 관광자원이다. 동송읍의 학저수지와 도피안사, 한탄강의 직탕폭포와 고석정 등이 있으며 용암대지를 개석하는 한탄강 자체도 훌륭한 관광자원이다.

이 밖에도 철원군 갈말면과 김화 읍계의 한탄강에 걸쳐 있는 금강산 전철의 협궤철교(정연리 소재)도 훌륭한 관광자원이다. 특히 한탄강 강안 절벽과 대지상의 용암 유출면의 비교관찰 등 침식 진전된 용암대지 연구에 효과적인 도움을 준다. 김화읍을 관류하여 서쪽으로 흐르던 남대천은 읍 서부의 토성리 마을회관 앞에서 90도로 꺾여 5km를 북류하면 남서류하는 한탄강에 특이한 형태로 합류하는데 이 과정이 주목된다.

기타 광역 관광자원의 연계는 춘천권과 서울권의 연계이며 수력발전소와 다목적댐을 활용한 관광자원 및 전적지를 비롯한 안보 관련 관광자원이 있으며 궁예 도성 등 활용 가능한 자원도 많다.

6. '철의 삼각지대'로 악명 높은 격전지

철원, 평강, 김화를 잇는 지리적 삼각지대는 6·25 때 중부전선 장악을 위해 피아간의 공방전이 치열했던 전적지였다. 북한군의 중부전선 남침의 본거지로서 난공불락의 여건을 구비하고 있어 철의 삼각지대란 이름이 붙여졌다. 현재는 이 지역을 남북이 양분하고 있다.

김화읍은 비무장지대 남방한계선에 근접한 도시이며 이들 지역 모두가 격전지이며 북한이 땅굴

김화읍, 동송읍 그리고 갈말읍 세 면계 부근에 걸쳐 있는 금강산 전철 한탄강철교다. 70년 가까운 세월 교각과 철제 교량은 그대로 건재하며 군사작전 도로로 활용되고 있다. 지방문화재로 지정 보호되고 있다.

부대에서 제공한 승용차로 선도하며 우리 일행을 현장으로 안내한 박근식 하사(사진의 중앙)와 금강산 전철 상판에서 기념촬영을 하였다.

금강산 전철 철교에는 철제 난간을 만들고 바닥에 철도 침목을 깔아 군사 도로로 활용한다. 고압선 철탑과 전선을 묶었던 애자는 70년 세월에도 햇빛을 받아 반사하며 빛나고 있다.

한탄강은 용암대지를 침식하여 강안 절벽을 만들고 검은 현무암 면을 드러내며 곳곳에 발달한 주상절리 면을 보여주기도 한다.

작전을 벌여 온 제2땅굴 또한 이 지역 내에 있다. 한국전 최대의 격전지 백마고지 또한 철원군 노동당사 북북서쪽 4km 거리에 있어 안보 관광지의 핵심지역이 되기도 한다.

가까운 거리에 철원역 구내의 잔영과 월정리 역사驛舍가 있으며 기총 소사를 받은 고철 덩어리 증기기관차 잔해와 궁예 도성 및 왕궁터도 비무장지대 내에 있어 평화공원 조성안의 핵심적 개발사업으로 복원되어야 할 것으로 기대된다.

제7-1장

내문(乃文) 도폭

〈연구에 이용된 도폭〉

- 현용도의 내문(乃文) 도폭
- 독부도의 옥동리(玉洞里) 도폭과 철원(鐵原) 도폭 상반
- 북소도의 옥동리(玉洞里) 도폭과 마방리(馬放里) 도폭 상반

1. 지리적 위치와 지질·지형

도폭의 수리적·절대적 위치는 38°15′~30′N 127°00′~15′E에 걸져 있으며 행정적 위치는 강원도 철원군 서쪽으로 마장면 내문면 철원읍 북면 동송읍이 있고 도폭의 남부에 경기도 연천군 신서면이 자리 잡고 있다. 지난날의 철원 군청 소재지는 전쟁 마당이 되었으므로 완전한 폐허로 변하였고 흩어졌던 구철원 읍민과 군인 가족 또는 새로 유입된 주민들은 학저수지 남쪽 화지리(천황지리)에 모여들어 동송읍과 연합하여 철원의 이름을 승계하고 있다.

비교적 위치를 보면, 한반도 중부와 서부의 결절점으로서 서울에서 함경남도와 관북지방과 영호남지방을 연결하는 원산시와 연결되며 경원선 철도가 추가령구조곡의 중심을 달리는 곳이다. 철원역에서 다시 금강산 전철과 연결되는 매우 중요한 위치상에 놓여 있다.

철원평야로 불리는 대상지臺狀地는 강력하게 찰진 현무암 풍화토이며 비무장지대의 역곡천驛谷川과 상류천上流川 하곡 양안 절벽은 모두 현무암의 단애를 이루며 때때로 주상절리와 용암 풍혈의 발달도 목격된다.

가장 넓은 분포는 역곡천 남부에 펼쳐지는 중부 원생계의 변성퇴적암이며 현무암 유출 과정에서

내 문 (乃 文)

1 : 50,000 지형도 도엽번호 NJ 52-5-19

내문(Naemun)

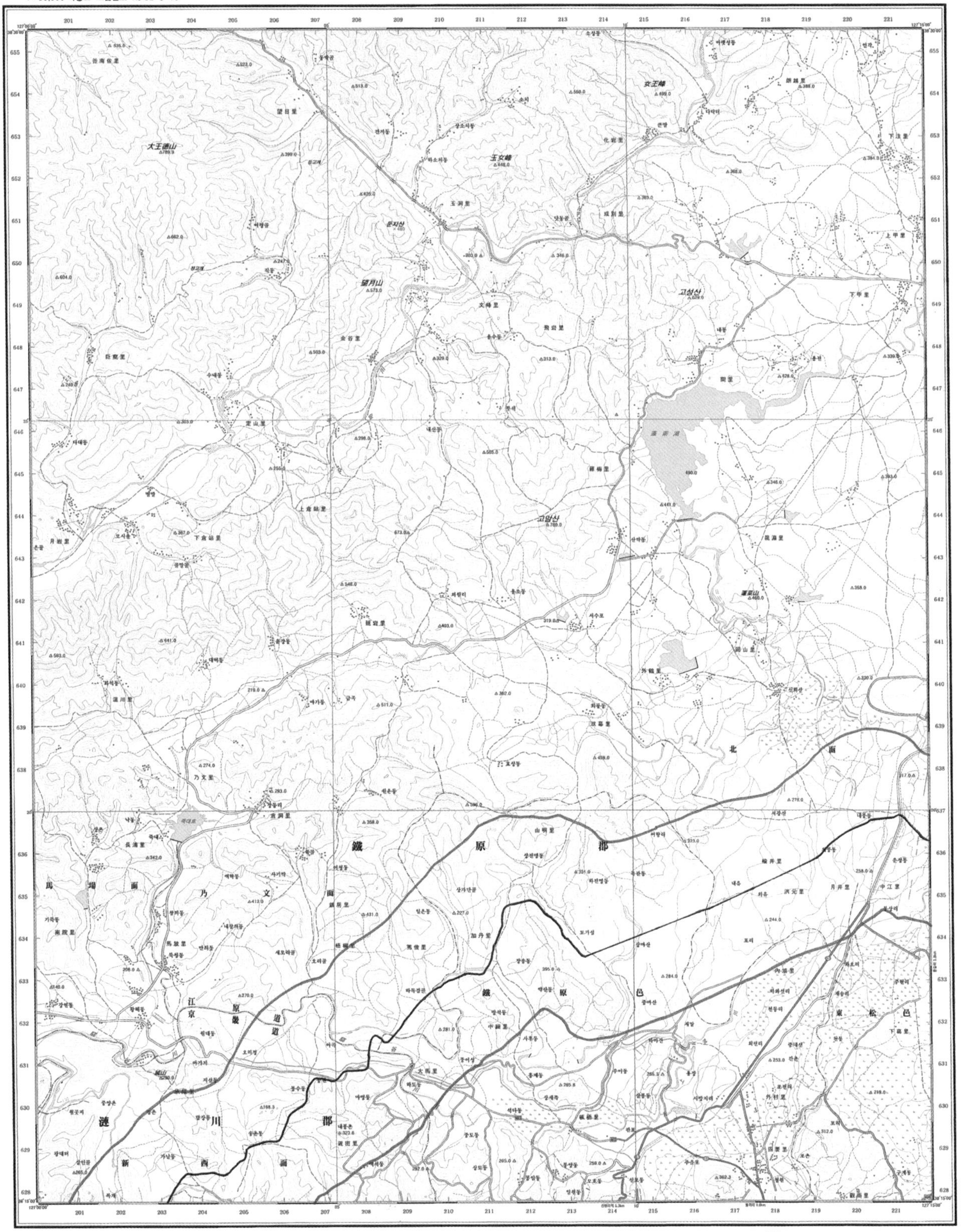

1975년 편집, 2012년 수정(2012년조사), 2019년 인쇄

축 척 1 : 50,000 (1cm=500m)

국토지리정보원 http://www.ngii.go.kr

생성된 용결 응회암과 용암의 열하분출 이전의 대보운동으로 관입한 화강섬록암과 반상화강암이 잔구처럼 용암대지상의 현무암 풍화토 위에 도상島狀으로 널려 있다.

특기할 만한 지형으로는 역곡천과 상류천의 유역쟁탈 현상이며, 현무암 하곡에 발달한 강안 절벽과 주상절리는 대교천 변이 모식지다. 동송읍의 직탕폭포와 승일교 일대는 용암대지와 현무암 풍화토의 명확한 경계를 관찰하기 가장 좋은 곳이다.

2. 철원 용암대지의 생성과 발달 범위

한국의 화산활동은 신생대 제3기 말인 선신세에서 제4기 초인 홍적세에 걸치며 끊임없이 용암의 열하분출이 지속되어 왔다. 인류시대인 충적세에 이르러 비교적 잠잠해졌다.

우리나라 역사서에 기록을 남긴 첫 사례는 서기 1002년 제주도의 비양도 해중 용출 기록이 조선 중기 노사신盧思愼이 저술한 지리서 『동국여지승람』에 다음과 같이 기록되어 있는데 화산활동을 옆에서 지켜보는 것 같은 착각에 빠질 정도로 정확하게 묘사되어 있다.

> 高麗穆宗五年六月有山湧海中山開四孔赤水湧出五日而止其水皆成瓦石十年瑞山湧出海中遣太學博士田拱之往視之人言山之始出也雲霧晦冥地動如雷凡七晝夜始開霽山高可百餘丈周圍可四十餘里無草木煙氣冪其上望之如石硫黃人恐懼不敢近拱之躬至山下圖其形以進今屬大靜縣

> 고려 목종 5년 6월 바다에서 산이 솟아 나왔다. 산이 갈라지며 사방에서 붉은 물이 솟아 나와 5일 만에 끝났는데 그 물은 모두 기와 같은 돌이 되었다. 10년 서산에서도 같은 현상이 있었다. 나라에서 태학박사 전공지를 파견하여 현장에서 사람들의 증언을 들으니, 7주야에 걸쳐 구름과 안개가 자욱하며 땅이 흔들리고 천둥번개를 치며 끝났는데 산의 높이는 100여 길, 주위 40여 리에 풀과 나무는 없었다. 연기가 자욱하며 유황 같아 사람들은 무서워 접근할 수 없었다. 전공지가 산 아래에서 그림을 그려 진상하니 오늘의 대장현이었다.

『조선왕조실록』에는 1597년, 1668년, 1702년 등 3차에 걸친 백두산 화산폭발 기록이 상세하게 보고되어 있다. 필자가 2004년에 저술한 『중국지리답사기』 상권 70~91쪽과 『세계의 나그네 김찬삼 회고록』 238~261쪽에 상세히 기록되어 있다.

한국에서 화산활동 흔적이 있는 곳은 백두산 일대 제주도와 부속 도서, 울릉도와 독도, 황해도 신계와 곡산, 강원도 철원 일대의 추가령구조곡, 길주-명천 지구대, 광주 무등산과 고성 해금강, 포항만의 장기갑 등 헤아릴 수 없을 정도로 많다.

그중에서도 인구의 집중이 가장 많은 수도권에 인접한 전곡 일대와 한탄강 유역 철원평야의 용암대지와 석회암 지대의 카르스트지형을 덮은 황해도 신계와 곡산 일대 용암대지가 열하분출로 주목된다.

철원평야 용암대지의 중심부는 동쪽은 김화읍과 평강, 서쪽은 봉래호, 북쪽은 검불령과 세포에 이르며, 남쪽은 신철원인 동송읍에서 한탄강 유역을 따라 전곡 용암대지가 가장 모식지이다. 이들 용암대지 지역은 연구할 만한 가치와 과제들이 많다.

용암이 열하분출된 평탄한 대상지臺狀地의 특징은 염기성이 강한 현무암의 분출과 풍화 생성물인 현무암 풍화토가 충적층沖積層의 형태로 검은 현무암 위를 덮고 있어 곡창지대를 이루며 역내를 흐르는 하천들의 측벽은 현무암 단애를 이루는 것이다.

한탄강과 차탄천 사이에 발달한 전곡 용암대지는 모식지역으로 차탄천 계곡은 곡중곡Valley in Valley이다. 차탄천 용암대지의 단애에는 길이 30m 내외의 용암동굴이 형성되어 있으며 한탄강 차탄천 합류부 가까운 곳에는 주상절리의 발달도 매우 훌륭하다.

이들 용암대지 지형의 관찰은 현행 1:50,000 지형도의 내문, 김화, 철원, 갈말 도폭 4매를 접합하여 관찰함이 가장 효과적이고 답사 경로의 선정도 유리하니 추천한다.

3. 용암대지상에 나타난 수많은 곡중곡

곡중곡谷中谷을 관찰할 수 있는 가장 대표적인 지형은 용암이 열하분출한 대지 지형이다. 우리나라에서 곡중곡은 1:50,000 독부도의 옥동리, 평강, 철원, 금화, 연천 도폭 내 대상지臺狀地를 흐르는 한탄강과 그 지류를 중심으로 펼쳐진다. 대표적 곡중곡 발달 지역은 철원 도폭 서부의 역곡천 변 마방리馬放里 일대와 옥동리 도폭의 궁예 도성지 서부지역, 김화 도폭의 장연리에서 지경동에 이르는 남대천 북류 구간이며 평강 도폭에서는 한탄강 하곡과 자연담폭紫煙潭瀑 일대이다.

용암의 열하분출은 기존 하계망에 큰 변화를 주어 산록으로 밀어붙이거나, 서로 다른 선상 분출을 생각할 때 이들 접촉부를 중심으로 형성되며 지형도상 추리를 가능케 한다. 경원선을 타고 전곡을 지나 연천역에 이르기 전, 객차 끝에서 보는 철교 남쪽이 가장 보기 좋다.

이 밖에도 현무암 풍화토인 대상지 위에 솟아오른, 마치 바다 위 섬과 같은 도상 구릉들은 대보운동으로 관입한 반상화강암과 화강섬록암으로 구성되어 있으며 간혹 상부원생계의 조립운모편암 coarse schist 구릉도 나타난다.

대표적 도상구릉島狀丘陵으로는 옥동리 도폭에서는 용연리의 414고지, 봉래산 460고지, 은학동과 산수동 고지이며, 평강 도폭에서는 현내 면사무소 동쪽의 적산과 평강읍 배후산지인 호암산이 있다. 김화 도폭에서는 고현리와 양지리 일대가 잘 발달하였고 독부도 철원 도폭에서는 상마산과 용강 일대 및 하갈리 일대에 나타나고 있다.

4. 기후와 식생

추가령구조곡은 일종의 바람의 통로로서도 기후학적 영향을 주고 있다. 추가령구조곡을 따라 남북이 지질구조상의 차이는 물론 민속과 풍속 등 문화면에서도 큰 차이가 있을 뿐더러 기후와 식생 면에서도 현저한 차이점을 나타내고 있다.

겨울철의 한대 대륙성 기단인 시베리아기단은 한랭 건조하며 강추위를 몰고 오나 봄·가을철에 발달하는 한대 해양성 기단인 오호츠크기단은 냉량 다습하며 높새바람을 일으키지 않고 철원평야를 통과하는 유일한 기단이다. 누년평균累年平均기온을 보면, 철원평야는 기후가 주변 지역보다 변덕스러우며 한서의 차가 크다는 것을 알 수 있다.

한편 필자는 지형도상에서 추가령의 표고를 찾아본 결과, 옛 지도에는 752m로 기록되어 있으나 정확히 586m임을 확인하였다. 철의 삼각지대에 입지한 철원읍의 표고는 200m, 김화읍은 226m이고 평강읍은 350m로 추가령과의 비고가 자그마치 236m에 이른다. 우리가 생각하는 추가령구조곡의 개념은 일본인 학자들의 주창을 아무런 검증 없이 그대로 받아들이고 전용하여 온 데 불과하며 이는 앞으로 깊이 있는 연구와 검증을 받아야 할 것으로 생각된다.

5. 비무장지대 내 거민의 흔적

우선 중앙분계선을 기준으로 가칠리加七里에 20여 호, 무대巫垈에 7호, 관포동冠浦洞 신작로를 끼고 가촌이 내풍동內豊洞과 외풍동外豊洞에 각각 20여 호, 궁예도성지弓裔都城址 안의 고궐동古闕洞에 20호, 율목동栗木洞에 50호가 입지하였다.

궁예 도성 북서 모퉁이를 끼고 이름 없는 마을 20여 호, 중앙분계선상의 외풍동에 30여 호, 남방한계선상 신작로와 경원선 안팎으로 50여 호가 월정리月井里에 입지하였다. 월정리 동쪽으로 궁예 도성의 남대문지가 있다. 다시 운정리雲井里와 중강리中江里로 이어지며 남대문지 남쪽 성 밖에 궁예 시대의 석탑이 있고, 궁예 도성지에서 서쪽으로 중앙분계선상 유정리楡井里, 내유內楡와 외유外楡에 각각 20여 호가 산촌 형태로 입지하였다.

다시 남방한계선상의 약천藥泉, 약산藥山, 홍원리洪元里, 월두평越頭坪과 포리浦里에 20여 호, 윗류내上流川에 10여 호. 특기할 바는 세계 전투사상 비교할 곳이 없는 백마고지(395) 정동 1,250m 상마산上馬山에 50여 호와 중마산中馬山에 20여 호가 있었다.

중앙분계선상 토기점土器店에 4~5호 그 북쪽의 목관동牧舘洞에 30여 호의 산촌이 입지하였고 중앙분계선상의 하진명동下眞明洞, 상진명동에서 10리 서남방 일은동逸隱洞 가단리加丹里와 상가단에 100여 호의 집촌들이 형성되었다.

다시 중앙분계선상 백마고지 정서방 750m에 장송동長松洞과 남쪽으로 방석동方席洞, 약산동約山洞, 중어성中於城에 7호 등이 입지하였다. 부근 일대는 지형적 장벽으로 교통의 장애가 되는 현무암의 강안 절벽이 현저하게 발달하여 촌락의 입지에 절대적 영향을 주었다. 즉 강안 절벽은 천연의 지리적 장벽으로 극복하기 어려운 장애요인이어서 하천을 활용할 수도 없기 때문에 이런 곳은 촌락의 입지도 허용되지 않았다. 절벽이 대칭적으로 발달한 곳은 경지로만 활용되었을 뿐이다.

그리고 중앙분계선상의 주토소朱土沼 북방으로 독검리篤儉里 하독검골에 70여 호의 집촌과 다시 아우라지阿谷와 마명동馬鳴洞, 남부한계선상의 도밀리道密里, 중앙분계선상의 송현松峴과 내봉촌內峰村 송촌골宋村洞에서 다시 촌락들은 이어진다.

남방한계선상의 덕산德山리와 중앙분계선상의 봉수동鳳樹洞 와둔지蛙屯地, 갈현리葛峴里 갈화골葛花洞, 중앙분계선 북쪽의 탑상동塔上洞, 중앙분계선상의 신현리新峴里와 궁말宮村에서 남방한계선 내의 벽선壁仙에서 다시 이어진다.

중앙분계선상의 가마골釜沼洞, 복개伏浦, 새마을新村, 삼안골三雁洞에서 석고개石峴 북쪽의 하삭골下朔洞, 장군골將軍洞에서 남방한계선 내의 대호동大虎洞과 부흥리富興里 시다막柴多幕과 덕은골德隱洞에서 비무장지대 내의 민거는 끝난다.

도폭 내에는 경지와 생활용수의 획득이 용이하고 신생대 제3기 말에서 제4기 초에 걸친 염기성 용암의 분출로 생성된 비옥한 현무암 풍화토와 더불어 하곡에 발달한 충적토양이 넓은 경지 발달에 영향을 주어 많은 인구를 수용하고 있었으나 현재는 폐허의 고요함만 남아 있다.

독부도 옥동리(玉洞里) 도폭에 철원(鐵原) 도폭 상반 연결

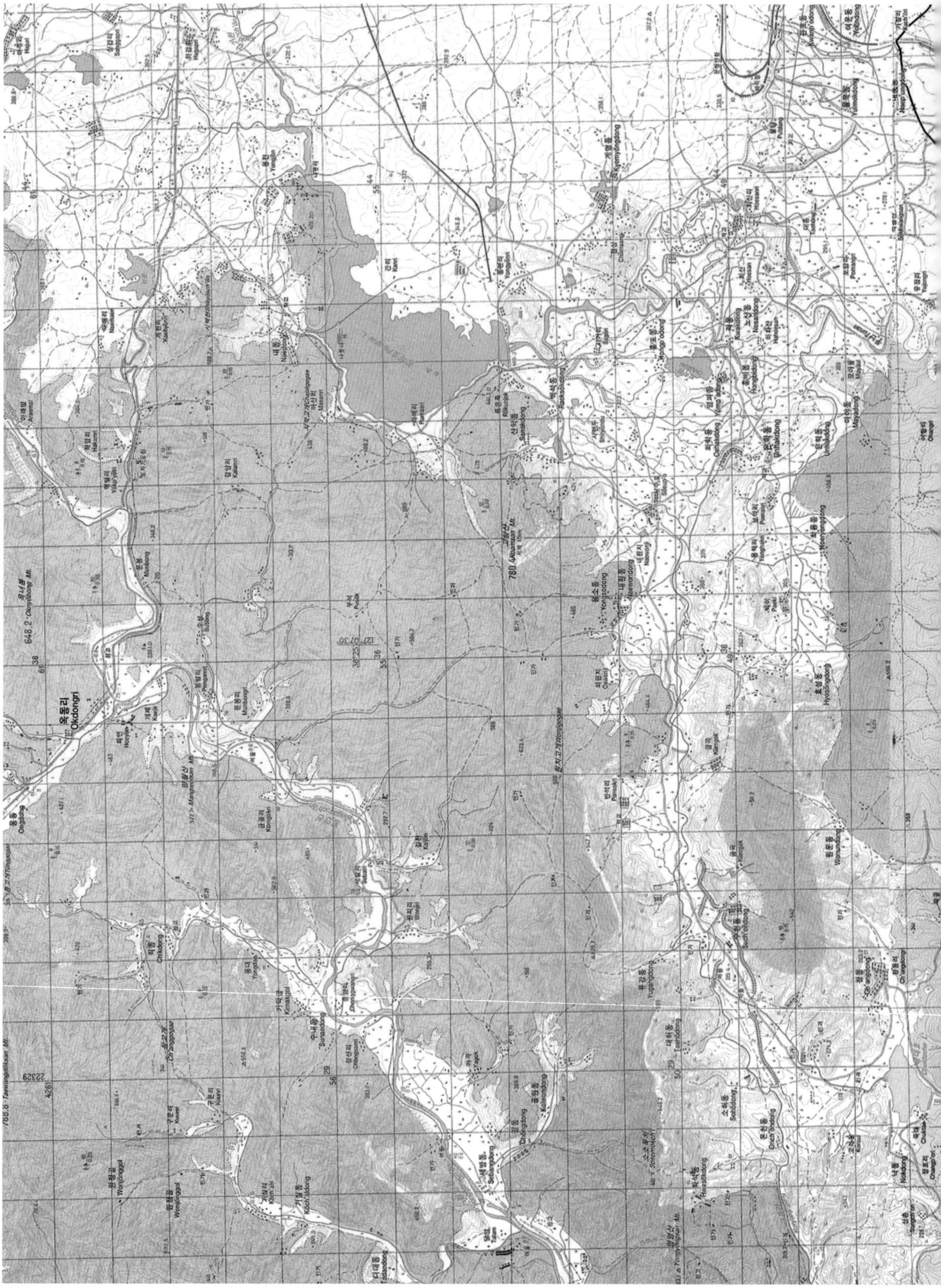
옥동리
Okdongri

북소도 옥동리(玉洞里) 도폭과 마방리(馬放里) 도폭 상반 연결

철원평화전망대에서 바라본 월정리 역사 부근과 철원평야의 사진을 확대 관찰하면 궁예 도성지 윤곽들이 뚜렷이 보인다.

6. 비무장지대에 보존된 궁예 도성

궁예 도성弓裔都城 사적지는 1917년과 1918년에 걸쳐 조선총독부가 간행한 1:50,000 지형도상에 기록되어 있다. 일본인 측량기사들이 측량하여 기록한 것으로 내성과 외성, 궁궐과 불당, 성문, 기념비 등이 확인된다. 우리나라에서 제작된 남북한 지형도상에서는 그 존재를 인식할 수 없으며 6·25 전쟁 수행을 위해 항공사진을 바탕으로 수정된 미 극동사령부 제작 1:50,000 지형도상에만 몇 가지 영문 표기가 있을 뿐이다.

그런데 구글어스Google Earth로 위성지도 답사를 시도한 결과 놀라울 정도로 정확하게 궁예 도성의 전모를 파악할 수 있었다. 일본인 측량기사들이 누락시킨 부분까지도 명확하게 들여다볼 수 있어 좌표를 찍어 위치를 표시하고 여기에 소개한다. 또한 2019년 5월 2일 필자 일행은 철원평화전망대에서 촬영한 궁예 도성 예상 지역의 사진을 다수 촬영하여 이를 확대 관찰한 결과, 놀라울 정도로 궁예 도성 축성 선이 거의 완벽하게 현존하고 있음에 놀라지 않을 수 없었다. 후일 개방되고 정밀 조사가 이루어진다면 그 규모가 명확히 밝혀질 것으로 확신한다.

필자는 궁예 도성 연구 기초 작업이란 관점에서 독부도 1:50,000 옥동, 철원, 평강, 김화 도폭 4매를 접합하여 궁예 도성을 살펴보았다. 아쉽게도 신작로 건설과 1914년 개통된 경원선 건설 공사가 1912년 10월 철원역까지 진출하면서 도성 유적의 일부가 훼손된 것으로 보인다. 이뿐만 아니라 궁예 도성은 축성을 위한 토석 채취의 흔적 지형으로 남겨진 채석장과 굴토 현장에 남겨진 지형 개변의 부산물인 호소湖沼와 늪지 등 고려되어야 할 사항이 많다

옆면과 이어진 사진에서도 궁예 외성의 윤곽이 뚜렷이 보이며 발리봉, 왕재봉 등의 잔구와 장고메기고개 그리고 멀리 고암산도 관찰된다.

10년이면 강산도 변한다고 1,100여 년이란 장구한 세월이 흘렀다. 왕과 백성을 지키기 위한 군사 작전상의 이점을 고려한 성 밖 장애물의 설치 등 생각할 바가 많으나 진시황제의 유물들이 깊은 땅속에서 발굴되는 점 등을 생각하면 깊은 생각과 연구가 선행될 문제라고 생각된다.

북한과 소련이 공동으로 제작 발행한 1:50,000 지형도에 유일하게 채석장이 표시되어 있는데 궁예 도성 북문 터로 의심되는 곳에서 600m 북동방에 직경 200m에 이르는 거대한 반원형 채석장이 표시되어 있다. 이 채석장은 궁예 도성 건설과 깊은 관계가 있는 것으로 믿어진다.

이뿐만 아니라 도성 내부와 연결되는 양 측벽이 절벽으로 지형학적 장벽을 이루는 계류천인 곡중곡이 궁예 도성 깊숙한 곳까지 연결되어 있어 병력을 운용하는 기발한 작전 계획이 숨어 있는 것으로 필자는 추리하며 이 부분은 작전상 인공의 가미도 생각하여 볼 수 있다. 궁예 궁성 동쪽 측벽과 궁예 도성 외성 북서 모퉁이와 연결되는 북면 면사무소 북쪽에서 시작된 역곡천과 연속되는 하곡과 부근 일대의 곡중곡 지형들은 대군을 유인하여 섬멸할 수 있는 작전 계획이 면사무소 남동부의 호수와 늪지대에 숨어 있을 수도 있다.

이와 같은 지리적 장벽 활용의 흔적은 도처에서 자연과 인공을 결합한 것이 감지된다. 이들 지형은 낮은 곡중곡 측벽의 사닥다리 작전과 유사한 굴토掘土 현장에 조성된 호소와 늪지대에 도호渡湖 장비를 활용함으로써 적을 고립시키고 섬멸할 계획은 충분히 감지된다. 절벽에 둘러싸인 계류천 자체가 궁예 도성 안에 여러 곳 있으므로 이 자체가 궁예의 깊은 연구와 계획 아래 용암대지의 지형학적 지리적 장벽 지형의 특성을 100% 활용하여 건설되었다고 추리하며 궁예의 천재적인 전술과 전략가다운 면모를 평가하고 싶다.

철원평화전망대에서 바라본 궁예 도성 성곽

철원평화전망대에서 바라본 궁예 도성

904년 마진국을 선포한 궁예는 현대인도 생각하기 어려운 평야 지대에 네모꼴의 이상적 도성을 건설하였다. 용암대지란 천혜의 지질과 지형학적 이점, 즉 계류천 측벽의 절벽과 석재 채취가 쉬운 현무암과 찰진 현무암 풍화토로 단시일 내에 호화로운 궁예 도성 건설에 성공하였다.

군사전략상으로도 2중 3중으로 방어상 유리하며 대군을 유인하여 섬멸할 수 있는 천혜의 요새임을 간파한 궁예가 천년 왕국을 꿈꾸고 이곳에 도성을 건설한 것으로 추리된다. 다만 이 부분은 남북이 통일되고 정밀한 현지조사를 전제한다. 일본인들이 작성한 독부도(조선총독부 발행) 1:50,000 흑백 지형도상에는 철원평야의 계류천과 곡중곡이 상세하게 나타나며 주곡선의 높이가 20m라는 것을 생각하면 충분한 가능성이 있다고 필자는 생각한다.

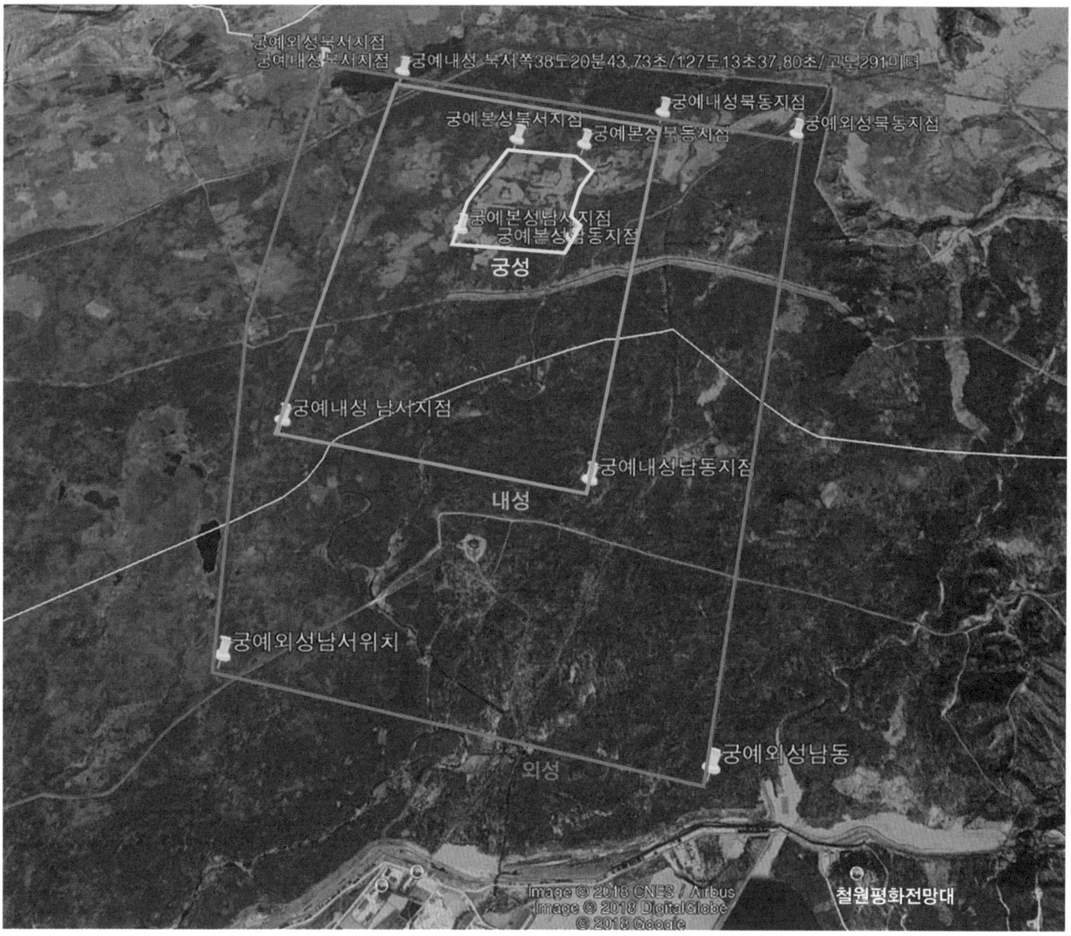

위성사진으로 파악된 궁예 도성의 규모(위성사진)

위성사진으로 파악된 궁예 도성의 규모는 다음과 같다. 궁성과 내성 및 외성으로 구분하고 기준점을 좌표로 표시하여 그 규모를 추정하였다.

① 궁예 궁성

북서기점 38°20′41.52″N/127°13′56.68″E H=283m

북동기점 38°20′40.39″N/127°14′12.36″E H=283m

남서기점 38°20′21.61″N/127°13′45.13″E H=283m

남동기점 38°20′19.78″N/127°14′9.82″E H=283m

북변의 길이 374m, 남변의 길이 606m

서변의 길이 675m, 동변의 길이 627m

둘레 2,282m

② 궁예 내성

북서기점 38°20′57.84″N/127°13′28.58″E H=291m

북동기점 38°20′47.86″N/127°14′30.65″E H=291m

남서기점 38°19′43.41″N/127°13′10.98″E H=266m

남동기점 38°19′32.67″N/127°14′14.99″E H=271m

북변의 길이 1,527m, 남변의 길이 1,579m

서변의 길이 2,335m, 동변의 길이 2,357m

둘레 7,798m

③ 궁예 외성

북서기점 38°20′59.83″N/127°13′8.94″E H=286m

북동기점 38°20′42.61″N/127°15′1.82″E H=298m

남서기점 38°19′3.39″N/127°13′5.52″E H=266m

남동기점 38°18′46.58″N/127°14′38.25″E H=257m

북변의 길이 2,797m, 남변의 길이 2,316m

서변의 길이 3,669m, 동변의 길이 3,626m

둘레 12,408m

궁예는 내성 내에 불당과 관아 및 군영을 두었고 내성 바깥의 외성에는 사회계층에 따라 백성들의 주거지역을 설정하여 국리와 민복을 동시에 해결하였다.

외성의 규모는 남북으로 뻗은 장축의 길이가 각기 3,669m와 3,626m, 남북방에 동서로 뻗은 단축의 길이는 2,797m와 2,316m로 성곽의 총연장은 무려 12,408m에 이른다.

내성은 동서의 장축이 2,335m와 2,357m, 단축인 남북 성벽의 길이는 1,527m와 1,579m로 도합 7,798m이며, 궁예 왕궁의 규모는 북변이 374m, 남변이 606m, 서변이 675m, 동변이 627m의 특이

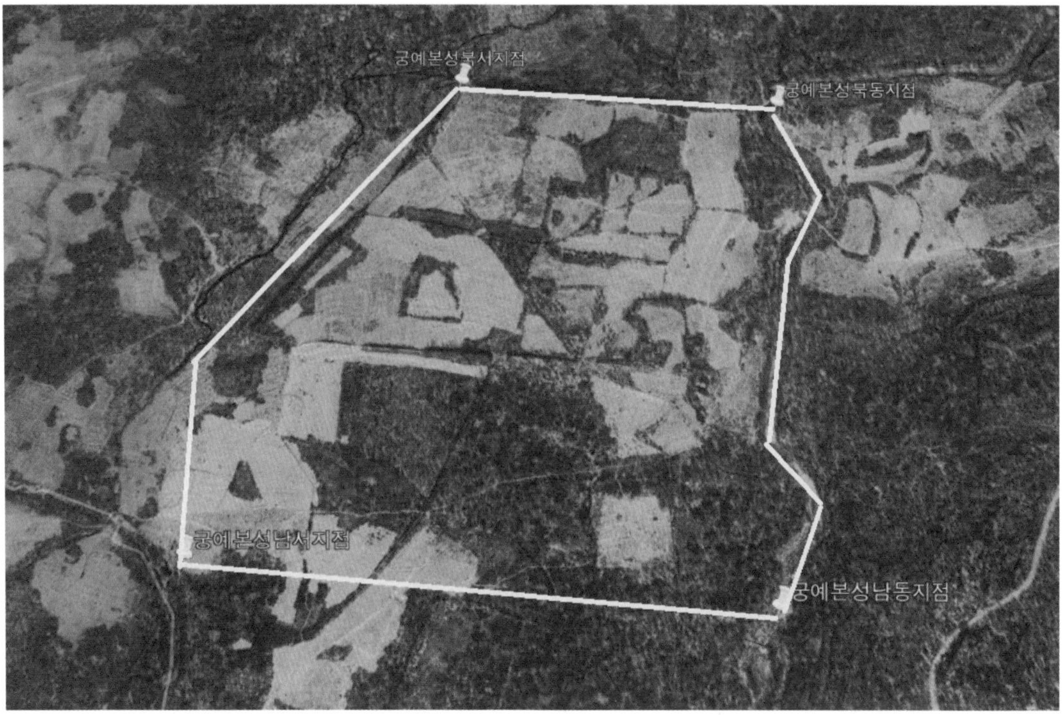

위성사진으로 파악된 궁예 궁성지

한 구조로 궁예 왕궁 성벽의 총연장은 2,282m로 건설되었다.

궁예는 자신을 미륵불이라고 생각할 만큼 불교에 대한 믿음이 돈독해 불당은 궁예 왕궁과 가까운 250m 남쪽에 동서와 남북으로 150m 규모로 건설되었다. 그러나 불당 표시는 1:50,000 독부도에만 기재되어 있고 위성지도상에서는 확인되지 않는다.

일제가 작성한 1:50,000 지형도상 남쪽 성벽 우측 치우친 곳에 남대문지南大門址가 있으나 기타 성문의 표시가 없으며 이 밖에도 석탑과 약천藥泉 및 약산藥山 등 많은 연구과제가 남아 있다.

절대권력을 장악한 궁예는 날이 갈수록 오만과 불신, 독선과 폭정을 일삼아 점차 멸망의 함정으로 빠져들었다. 918년(신라 경명왕 2년) 왕건이 혁명으로 마진국을 승계하며 고려 태조로 등극함으로써 궁예 시대는 막을 내렸다.

그 이후 세월이 흐르며 백성들이 궁예 도성 안을 자연스럽게 점거하여 농사를 지으며 마을을 이루었으니 그것이 율목동栗木洞의 30여 호이다. 고궐동古闕洞의 10여 호는 왕궁터를 점거하고 농사를 지었고 내풍동內豊洞과 외풍동外豊洞에 각 20여 호 등이 입지하였다. 이 밖에도 월정리月井里에 경원선 역사가 건설되면서 20~30호, 운정리雲井里와 중강리中江里 및 봉상리奉常里에도 각기 20호 내외의 민가가 도성 내외를 점거하였고 북쪽으로는 관포동冠浦洞, 무대巫垈, 가칠리加七里에 각기 20호 내외

철원평화전망대는 철원평야(용암대지)를 관찰하고 조망할 수 있는 가장 좋은 위치에 자리 잡고 있다. 천여 년 전의 궁예 도성지 잔영을 바라볼 수 있는 유일한 장소이다.

철원평화전망대에서 바라본 광활한 철원평야. 지뢰를 제거하고 경지 개발에 온 정성을 쏟고 있는 개답(開畓) 현장이다.

현무암 풍화토의 철원평야에 돌출한 구시대의 화강암 산지 잔구들. 기반암은 현무암이고 그 아래는 화강암이다.

철원평야 주변에서 제일 높은 고암산(780). 봉래호 서부에 우뚝 솟아 있다.

의 민가가 도성을 훼손하였다.

궁예 도성은 1,100여 년이란 오랜 세월 동안 풍화작용으로 인한 침식과 퇴적, 사면의 이동 그리고 자연재해 등으로 자연적 훼손이 진행되었을 뿐만 아니라 거민에 의한 경지 개발과 축력의 이용 등으로 인위적 훼손이 이루어졌다. 그중 가장 큰 훼손은 일제 강점기의 신작로 건설과 경원선 철도 건설에 의한 것이었음을 확인할 수 있다. 다행히도 답사 불가능한 연구지역을 위성사진이 연결시켜 주었다. 비무장지대는 세계사에 유래없는 통제지역으로 70년 세월이 흘렀지만, 오히려 생태계와 문화재 보전이라는 뜻밖의 결과를 가져온 측면도 있다. 필자의 비무장지대 평화공원조성 제안도 개발로 인한 훼손보다 보존에 무게를 실어 연구되었으면 하는 바람이다.

7. 연계 가능한 역내의 관광자원

역내 최대의 관광자원은 궁예 도성과 월정리 역사驛舍이며 그다음은 6·25 전사상 가장 치열한 전투의 현장인 백마고지로 궁예 도성에서 불과 4km의 거리에 있다. 지역 관광의 중심점에 있는 철원 노동당사를 기준점으로 보면 궁예 도성이 7km, 백마고지가 4km에 불과하다.

철원평화전망대는 도보나 모노레일을 타고 오를 수 있는데 이곳에서 철원평야에 널려 있는 잔구지형과 용암대지를 조망하거나 궁예 도성과 부근 일대의 비무장지대 개발 현황과 평화로운 토지이용 현황을 살피는 즐거움을 느낄 수 있다.

뛰어난 경관을 자랑하는 고석정孤石亭과 승일교承日橋는 1km 거리이고 노동당사, 도피안사到彼岸寺, 제2땅굴, 직탕폭포, 학저수지, 궁예 도성 등 모든 관광자원이 동송읍을 기준으로 10km 이내에 널려 있으므로 철원은 가장 집속된 관광자원의 보고라고 생각할 수 있다.

석탄일을 앞둔 철원 도피안사 입구

도피안사 대웅전 앞의 삼층석탑(보물 제223호)

도피안사 대웅전의 철조비로자나불좌상(국보 제63호)

도피안사 안내도

한탄강 하상에 우뚝 솟은 고석정. 화강암 잔구로 표면의 방상 절리가 인상적이며 우안의 현무암 단애와 비교된다.

철원 승일교 신·구교의 비교. 우측의 구교는 김일성이 반, 이승만이 반을 건설하였다고 하여 승일교라 명명하였다. 등록 차량 대수가 천만 대를 넘으면서 교통량의 증가로 왕복 2차선의 신교를 새로 건설하고 구교는 역사적 유물로 보존하고 있다.

전면의 고립된 언덕은 철원평야상에 남아 있는 구시대의 전형적인 화강암 잔구이다.

포격과 폭격으로 파괴된 옛 철원군 노동당사

노동당사 후면은 철제 받침대로 아슬하게 지탱되고 있다.

옛 모습을 짐작할 수 있는 철원역 안내판의 옛 사진. 철원역은 경원선 223.7km의 중간역으로서 중추적 역할을 했다. 철원역사는 적벽돌 2층 건물로 서기관급 역장과 80여 명의 직원들이 근무하였다고 전해지고 있다.

1914년 개통된 경원선(서울 용산~원산)의 중간역이었던 철원역은 총연장 116.6km로 1931년 7월 개통된 금강산 전기철도의 시발점이기도 했다. 화려했던 철원역사는 오간 데 없고 플랫폼 옆의 콘크리트 측벽만이 철길을 지키고 있다.

한탄강의 천이점에 발달한 직탕폭포는 용암의 유출 시기가 서로 다른 지층의 말단부에 생성되었다.

갈수기에는 건천으로 하상을 드러내는 직탕폭포

철원평야는 점성이 강한 현무암 풍화토로 개답(開畓)에 매우 유리하다.

비옥한 철원평야의 토지이용을 보여준다.

철원평야 절토부에 보이는 초기 하상 퇴적물. 원마도 높은 자갈들이 보인다.

현무암에 덮인 추가령구조곡 속의 평탄면 아래에 발달한 곡중곡(谷中谷). 이러한 곡중곡은 용암대지에 형성되는 특색 있는 지형으로 다른 곳에서는 볼 수 없는 지형 형태이다.

철원역 다음 역인 월정리역은 거의 완벽하게 역사가 남아 있다. 철원평화전망대와 더불어 가치 있는 관광 상품이다.

월정리역사 현관의 전등과 철제 갓은 건설 당시의 모습 그대로 녹슨 채 남아 있어 보는 이들로 하여금 향수를 자아낸다.

월정리역사의 철길과 플랫폼은 그대로 남아 있으며 폭격 맞은 객차의 잔해가 전시되어 있다.

철원평화전망대로 올라가기 위해서는 월정리역 부근에서 모노레일을 타면 편리하다. 도보로 이동하면 15분가량 소요된다.

8. 37개월간 지속된 6·25 전쟁 최대의 격전지 백마고지

우선 백마고지의 정확한 위치 판단이 선행되어야 한다. 백마고지 전적지 순례 코스에서 현장을 관찰하면 가장 확실한 정황이 포착되나 지형도상에서는 매우 혼란스럽다. 이런 혼란은 2015년 2월에 발행된 영진문화사의 정밀지도 대백과 1:50,000 수정판 20쪽에 백마고지 남단 남부 1,750m 지점의 판교리 삼봉동 265.8고지 전망대에 백마고지가 표기된 데서 기인한다.

따라서 현행 국토지리정보원이 1975년에 편집하고 2012년에 조사 수정 2019년에 발행한 15′ x15′ 1:50,000 지형도 내문乃文 도폭의 중하단 철원군 철원읍 비무장지대 내 장송동과 약산동 사이의 395고지에 백마고지라는 표기가 선행되어야 할 것 같다. 이 고지가 작전상 얼마나 중요하며 철원평야와 철원읍을 지킬 수 있는 요지라는 것은 초보적 군사 지식을 가진 사람이면 누구나 간파하고도 남음이 있다. 이곳은 경원선과 추가령구조곡이 만나는 곳으로 교통상의 요지이기 때문이다.

백마고지는 피의능선 가칠봉과 더불어 한국전쟁 최대의 격전지로 기록되고 있다. 백마고지 전투는 1952년 10월 6일부터 10월 15일까지 10일간 국군 9사단 30연대와 중공군 제38군이 벌인 전투로, 37개월간 지속된 6·25 전사상 가장 극렬했다. 당시 백마고지는 주인이 수시로 바뀌고 심지어 하루에 다섯 번 바뀌는 일까지 벌어지는 등 세계 전사상戰史上 유례없는 격전지로 기록되고 있다. 이처럼 전투가 치열했던 이유는 휴전회담을 앞두고 한치의 땅이라도 더 차지해야 한다는 피아간의 절박감이 팽배했던 것과 동시에 전술적으로 매우 중요한 위치였기 때문이다. 예를 들면 가칠봉을 잃으면 광대한 해안분지의 만대리 벌판을 지킬 수 없으며, 백마고지를 잃으면 비옥하고 광활한 철원평야를 지켜낼 수 없는 것이다.

중공군은 UN군의 포탄과 총알에 인해전술로 맞섰다. 12차에 걸친 전투로 9사단 장병은 3,400명의 사상자를 내고 중공군은 아군 손실의 4배가 넘는 14,000명의 전투 손실을 입었다. 결과적으로 우리 5사단과 9사단이 승리하고 휴전을 맞이하였으니 장병의 고귀한 희생의 대가로 지켜낸 땅이다.

다음은 12차에 걸쳐 벌어졌던 전투의 내용을 정리한 것이다.

① 제1차 전투(1952. 10. 6. 19시 15분~20시 15분까지 1시간)

중공군 제38군 114단 340연대의 선제공격으로 전투는 시작되었다. 중공군은 공격 개시 전 백마고지에 2,000여 발의 포격을 퍼부어 우리의 진지와 교통호는 초토화되었고 매설한 지뢰까지 폭발하는 생지옥으로 돌변하였다.

중공군 포로의 증언에 의하면, 중공군 병사들은 공격 전투 전 독한 고량주를 먹이고 수류탄만 휴대시킨 채 소모품으로 무자비한 독전을 감행하였으나 아군의 포격과 공군의 간단없는 지원 폭격 및 전투기의 기총 소사로 우리 30연대는 적을 격퇴하였다.

② 제2차 전투(1952. 10. 6. 20시 40분~24시까지)

1차 전투가 끝난 지 25분 후 중공군은 파상공격을 감행하여 백마고지 우측이 잠깐 피탈被奪되었으나 곧바로 역습하여 적을 격퇴하고 진지를 회복하였다.

③ 제3차 전투(1952. 10. 7. 0시 40분~ 5시 10분까지)

중공군 38군 114사단 340연대는 2차에 걸친 공격으로 막대한 피해를 입고도 3차 공격을 감행하여 능선과 계곡은 중공군의 시체로 시산혈해를 이루었다. 전투 4시간 30분 만에 중공군은 막심한 피해를 입고 격퇴되었다. 이것이 인명 경시의 인해전술이다.

④ 제4차 전투(1952. 10. 7. 20시~10. 8. 2시 40분까지)

중공군 114사단 340연대가 공격에 실패하자 112사단 334연대를 다시 투입하여 전투 개시 2시간 후 백마고지는 피탈되었다. 피탈 3시간 40분 만에 우리 9사단 30연대는 백마고지를 다시 탈환하고 9사단 28연대와 임무를 교대하였다

⑤ 제5차 전투(1952. 10. 8. 5시 30분~23시 5분)

주로 야간 공격만 하던 적이 대담하게 주간 여명 공격을 감행하였고 이때부터 주야간 없이 뺏고 뺏기는 백마고지 쟁탈전이 계속되었다. 피아간의 포격으로 백마고지는 완전히 초토화되었고 새로운 병력을 투입하는 작전으로 전황은 바뀌어졌다. 설상가상 우리 공군기의 오폭으로 백마고지를 다시 상실하였다가 15시간 후 23시 5분 항공조명 아래 각종 포화를 총동원하여 백병전으로 백마고지를 다시 탈환하였다.

⑥ 제6차 전투(1952. 10. 9. 0시 20분~10일 10시 30분까지)

5차 공격이 끝난 지 1시간 30분도 안 되는 10월 9일 0시 20분 중공군 114사단 342연대를 투입하고 공격개시 전 1,100여 발의 집중 포격으로 아군도 상당한 피해가 발생하였다. 백마고지는 또다시 피탈되었다가 다음 날인 10월 10일 8차에 걸친 격전 끝에 백마고지를 다시 탈환하였다.

이날 아군은 공격 개시 전 3,300발의 집중 포격을 가하여 백마고지를 초토화하고 다시 탈환하였다. 집중 포격의 결과 중공군 기관총 사수가 쇠사슬에 묶긴 채 죽어 있는 것이 발견되기도 하였다. 이처럼 잔인한 중공군의 독전에 경악할 뿐이었다.

⑦ 제7차 전투(1952. 10. 10. 1시 30분~ 6시 30분까지)

아군 9사단 29연대는 28연대와 임무를 교대하였다. 중공군은 짙은 안개 속에 공격을 감행하여 치열한 백병전 끝에 고지는 다시 상실하였다. 그러나 용감한 우리 병사들은 6시 40분 격전 끝에 고지를 다시 탈환하였다.

백마고지는 세계의 전투사상 그 유례를 찾아볼 수 없는 전적지이다. 하루에 주인이 다섯 번 바뀌기도 한 백마고지의 자랑스러운 전승비가 전망대 입구에 세워져 있다.

UN군과 백마부대의 용전분투로 지켜낸 전면의 백마고지. 북쪽 산록을 중앙분계선이 통과함으로써 완전히 우리의 주권하에 놓이게 되었다.

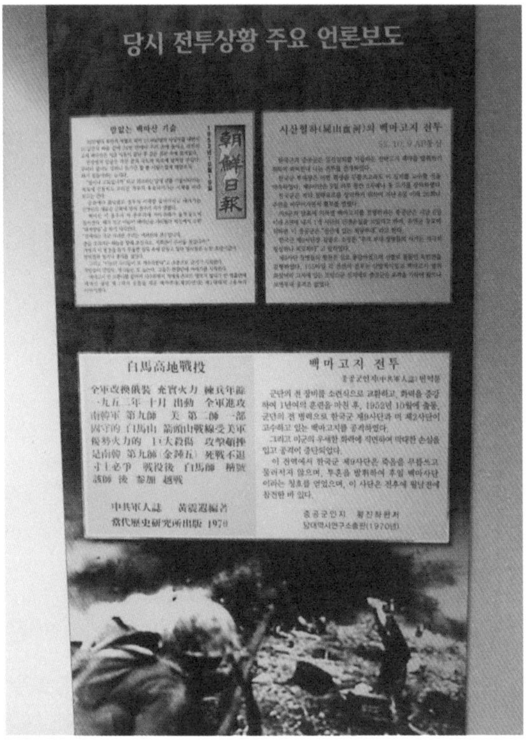

백마고지전적전시관에서 촬영한 당시의 신문보도 내용이다.

백마고지 현장에서 잡은 중공군 포로들은 한결같이 소년 지원병이다. 이들에겐 공격 전 독주를 먹이고 수류탄만 주어 소모품으로 공격하도록 했다는 증언이 나왔다고 전해진다.

백마고지 전투 현장 흙수렁 속에서 발굴된 카빈 소총 30발 탄창과 녹슬어 형태만 남은 철모의 잔해가 전시되고 있다.

⑧ 제8차 전투(1952. 10. 10. 8시~13시 20분까지)

중공군 114사단 342연대는 4차에 걸친 전투에서 막대한 피해를 입고도 제7차 공방전이 끝난 지 1시간 20분 만에 짙은 안개를 이용하여 백병전을 감행 중 아군의 오폭으로 백마고지는 다시 피탈되었다. 그러나 숨 쉴 틈 없는 역습으로 다시 탈환하였다.

⑨ 제9차 전투(1952. 10. 10. 10시~10. 11. 12시까지)

중공군 38군은 전투력을 완전히 상실하고 114사단 342연대 대신 전쟁 영웅 칭호를 받은 112사단 335연대를 투입하여 파상공격으로 10일 18시 45분 백마고지는 다시 적의 수중으로 들어갔다. 백마고지는 연일 피아간의 포격으로 무릎까지 빠지는 모래 수렁으로 변하였다.

우리 사병들은 야전삽 아닌 철모로 대피호를 팔 정도가 되었다. 11일 12시 4분 수류탄이 바닥나 아군은 돌덩어리로 저항하는 적을 때려 부수고 용감한 우리 국군 병사들은 다시 백마고지를 탈환하는 데 성공하였다.

⑩ 제10차 전투(1952. 10. 11. 15시 30분~10. 12. 13시 20분까지)

11일 15시 30분 적은 집중 포격 후 공격을 개시하여 17시경 처절한 백병전 끝에 백마고지를 다시 그들의 수중에 넣었다. 9사단 30연대 1중대 3소대장 강승우 소위, 오규봉 하사, 안영권 하사의 육탄 돌격으로 기관총 좌를 폭파한 후 백마고지는 다시 탈환하였다.

육탄 3용사는 백마고지의 군신(軍神)으로 호국의 별이 되었다. 내외신 기자들은 철원에 운집하였고 이때부터 395고지는 백마고지로 불리게 되어 세계 전사상 유명하게 되었다.

⑪ 제11차 전투(1952. 10. 12. 14시 40분~16시 50분까지)

중공군은 제10차 공방전이 끝난 지 1시간 20분 만에 아군의 진지교대 작업 중 역습을 감행하여 온 적을 격퇴하고 도주하는 적을 보전포 연합작전으로 완전히 괴멸시키는 전과를 올리고 진지를 보강하고 물샐틈없는 방어 전투에 들어갔다.

⑫ 제12차 전투(1952. 10. 12. 19시 30분~10. 15. 11시까지)

1952년 10월 6일 19시 30분을 시작으로 10월 15일 11시까지의 10일간 중공군은 숨 돌릴 틈도 주지 않고 인해전술로 파상공격을 계속하여 감행한 끝에 승산이 없음을 간파하고 12차 공격을 마감으로 백마고지 공격 전투를 포기하였으니 우리 9사단의 완벽한 승리로 끝났다.

훗날 중공군 스스로가 한국군 제9사단 장병들의 용전상을 그려 사전불퇴死戰不退라고 했으니 중공군의 인해전술을 이겨낸 그 장엄함에 저절로 고개를 숙이지 않을 수 없다.

현재 백마고지는 비무장지대 안에 있으며 백마고지 북쪽 기슭을 군사분계선이 통과하며 우리의 주권하에 놓여 있다. 남쪽 기슭은 남방 한계선상에 있다.

행정구역은 철원군 철원읍 약산동과 장송동에 걸쳐 있고 395고지를 중심으로 NW-SE 주향으로 장축은 4km, 동서의 단축은 2km이다. 지질은 대체로 원생계 중부 내지 상부에 해당되는 조립 운모편암 또는 남부 상원계 누층군에 협재挾在된 사질암이 고지를 일부 덮은 것으로 믿어진다.

백마고지 전체가 우리의 주권하에 있지만 비무장 지대여서 민간인 출입이 불가능하며 1996년에 발행된 지질도 철원 도폭 조사자 최위찬의 조사보고서 1:50,000 지질도상에서도 백마고지 일대는 조사 미필 지역으로 남아 있어 아쉬운 마음이 든다.

한편 소이산所伊山과 성산城山의 안부鞍部를 배경으로 사요리四要里에 입지하였던 본래의 철원읍 또한 원숙한 시가지 형태를 갖추고 있었으나 민통선의 엄격한 출입 제한에 규제되어 학저수지 남쪽의 화지리花地里 일대에 동송읍이 신철원으로 탄생되었다.

제7-2장

철원(鐵原) 도폭

〈연구에 이용된 도폭〉

- 현용도의 철원(鐵原) 도폭
- 독부도의 철원(鐵原) 도폭 남서부
- 북소도의 마방리(馬放里) 도폭 중서부

1. 지리적 위치와 지질 · 지형

도폭의 수리적 절대적 위치는 38°00′~38°15′N, 127°00′~127°15′E에 걸쳐 있으며 행정적 위치는 도폭 북동부에 강원도 철원군 철원읍과 동송읍이 있고 남동부에는 경기도 포천시 관인면, 창수면, 영북면, 영중면이 자리 잡고 있다.

기타 도폭 서반부의 대부분 지역은 경기도 연천군 신서면, 중면, 왕징면, 군남면, 연천읍, 미산면, 전곡읍, 청산면으로 강원도와 경기도에 걸쳐 도합 14개의 읍면이 분포하며 행정구역상의 위치는 매우 복잡하며 혼란스럽게 분포되어 있다.

비교적 위치로 보면 도폭 내의 최대 도시는 전곡읍이며 도폭의 남서부 한탄강 강가의 용암대지 위에 입지한다. 시내 서부의 차탄천 하류 장진교 아래에서 차탄천은 한탄강에 합류한다. 도폭의 북서부 모퉁이의 신현리, 갈현리 역곡천 상류 지역을 휴전선이 통과한다.

지표 지질은 휴전선 부근은 남부 연천층군에 해당하는 대광리층으로 변성이질암泥質岩이 분포하며 도폭의 중서부와 남동부는 용결熔結응회암과 응회암이 남부에는 안산암이 분포한다. 한편 현무암의 노두는 하곡과 계곡을 따라 나타나며 주상절리의 발달도 목격된다.

철 원 (鐵 原)

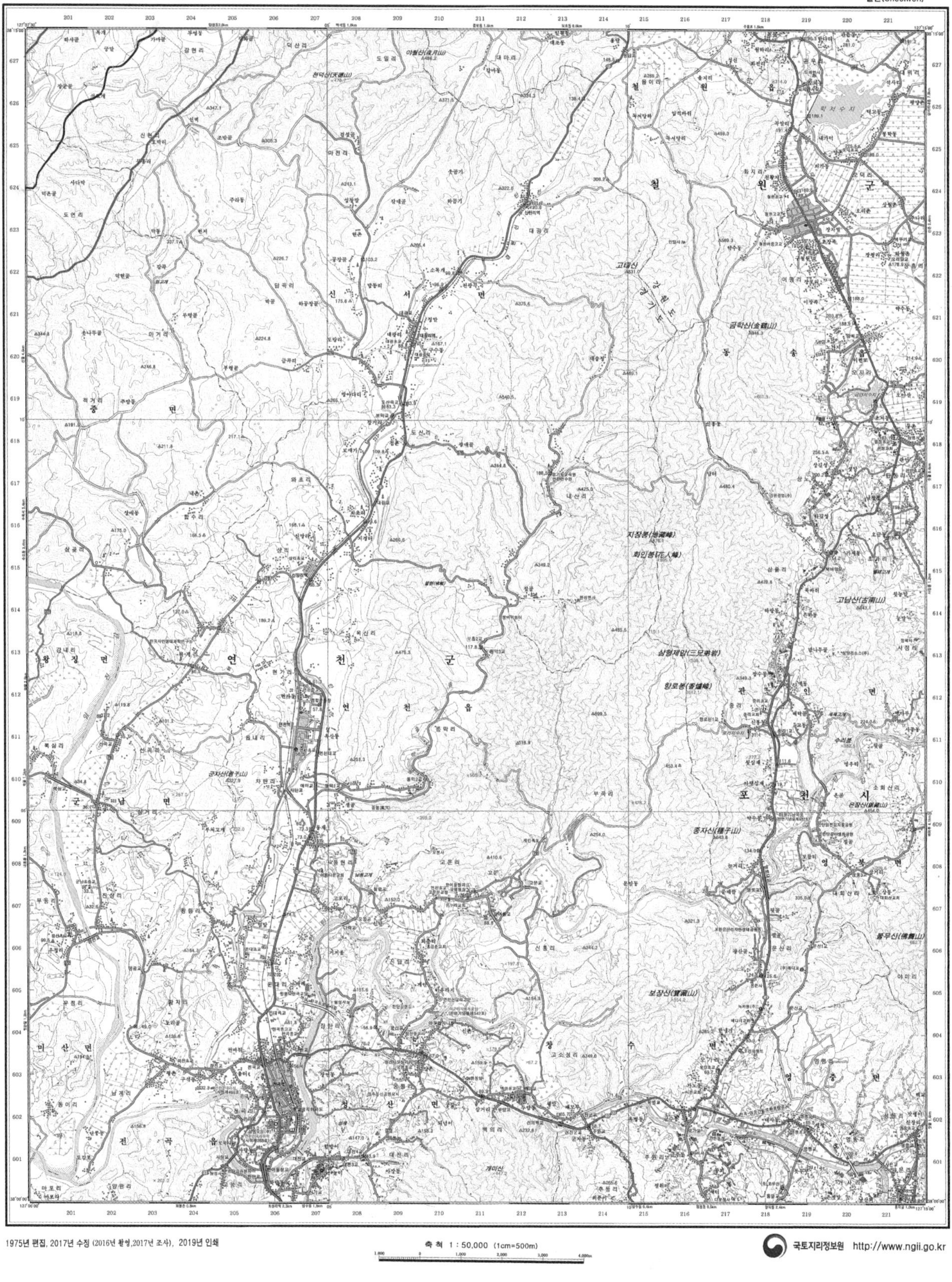

1975년 편집, 2017년 수정 (2016년 촬영,2017년 조사), 2019년 인쇄

축 척 1 : 50,000 (1cm=500m)

국토지리정보원 http://www.ngii.go.kr

특색 있는 지형으로는 용암의 열하분출에 의한 곡지지형이다. 한탄강과 차탄천이 만나는 곳에 주상절리가 발달하고 차탄천 하류부에는 보기 좋은 곡중곡이 발달하고 있다. 전곡 용암대지의 현무암 풍화생성토양은 훌륭한 경지로 농가의 소득 증대에 이바지하고 있다. 또한 차탄천 좌안에 발달한 전곡 용암대지 강안 절벽에서 발견된 용암동굴이 있는데 필자가 2010년에 저술한 『카르스트지형과 동굴 연구』 15쪽에 게재한 전면 사진과 설명문이 있으니 참고하기 바란다.

2. 기후와 식생

추가령구조곡은 한반도의 동서와 남북을 가르는 일대 구조곡으로 인문과 자연 면에서 영향을 주며 일종의 바람의 통로로서 겨울에는 혹한이 계속되고 여름에도 비교적 냉량하다. 식생은 동서의 점이성이 강하며 지형학적 차이에서 오는 문화적 점이성도 강한 편이다.

3. 철원역에서 출발한 금강산 전철

금강산 관광을 위한 전기철도는 철원역에서 내금강역까지 1919년 착공하여 1931년 7월까지 12년간 건설하였다. 총연장 116.6km에 크고 작은 28개 역사로 완공·개통되었다. 역간 평균거리는 4.16km로 10리가 넘지만 실제로는 철원과 동송역 구간은 짧다. 또한 김화와 금성 사이는 22.4km, 단발령역과 금강산 전철의 종착역인 내금강역 사이는 자그마치 24.6km로 우리의 리 단위로는 60리가 넘는 곳도 있었으니 평지와 산지 경지와 민거의 상관관계도 명확하게 가늠할 수 있다.

금강산 전철의 특징은 철원평야를 벗어나면 험준한 산악지대 계곡을 구비구비 돌아 터널과 교량 굴곡이 많은 것을 특징으로 하며 단발령과 옥전봉 아래에서 4.5km 거리를 두고 고도를 극복하기 위해 스위치백switch back식 철도공법을 도입하였다. 단발령터널을 들어가기 전 1,200m 지점에서 550m 거리를 갈 지(之) 자로 고도를 높여 터널로 들어가고 터널을 빠져나와 2km 지점에서 500m을 후진하여 고도를 낮추어 갈경葛境에서 금강천 강안으로 말휘리에 이르는 특수 공법을 사용하였다. 전진과 후진을 하며 고도를 극복하는 이러한 스위치백 철도는 태백선의 통리와 나한전 사이에도 있었으나, 2014년 솔안터널이 개통되어 사용하지 않는다.

필자 일행은 합동참모본부의 배려로 현지 부대의 안내를 받아 김화읍 정연리 소재 한탄강에 걸쳐 있는 금강산 전기철도 최대의 철교 유물(정연철교)을 답사할 수 있었다. 철의 삼각지대에 펼쳐지는 용암대지를 개석하는 한탄강 강안 절벽상의 대상면에 걸쳐 있는 철교의 콘크리트 교각은 건설 당시의 모습 그대로이다(제6장 김화 도폭 참조). 정연철교는 전쟁의 참화에도 불구하고 살아남아 2004년 9월 4일 등록문화재 제112호로 지정·보호하고 있다.

참고로 금강산 전기철도의 역명은 철원, 사요, 동철원, 동송, 양지, 이길, 정연, 백덕, 금곡, 김화, 광삼, 하소, 행정, 백양, 금성, 경파, 탄감, 남창도, 창도, 기성, 하관음, 현리, 도파리, 화계, 단발령, 갈경, 창북, 내금강 28개이며 발표가 서로 달라 불일치하는 부분도 있다.

금강산 전기철도는 하루 8차에 걸쳐 철원역에서 내금강역까지 운행되었으며 운임은 1936년 당시 7원 56전으로 시발역에서 종착역까지 4시간 30분이 소요되었다. 당시의 물가지수로는 쌀 한 가마니 값에 해당하는 고액임에도 불구하고 1936년도 이용객 수는 자그마치 154,000여 명이었다. 앞으로 남북의 화해와 협력의 길이 다시 열려 금강산 전기철도가 신속하게 복구됨으로써 수도권 2,000만 인구가 금강산으로 관광가는 날이 빨리 오기를 희망한다.

4. 비무장지대 내 거민의 흔적

현재 사용하고 있는 철원 도폭은 독부도督府圖의 도폭과 좌표상 불일치하지만 경위선을 찾아 확인해 보면 북서부 모퉁이에 설정된 비무장지대를 확인할 수 있다. 철원 도폭 내 비무장지대의 주거 흔적을 중앙분계선을 기준으로 북동부에서 남서 방향으로 기록하면 다음과 같다.

행정구역상 경기도 연천군 신서면과 중면에 해당하며 갈현리葛峴里의 두명동斗明洞에 20여 호, 갈화골葛花洞에 10여 호, 가마골釜沼洞에 20여 호, 복개伏浦에 10여 호, 신현리新峴里 궁마을宮村에 7호, 석고개石峴洞에 10여 호가 입지하였다. 다시 석고개 북서쪽의 장군골將軍洞에 10여 호, 석고개 동쪽에 선벽仙壁에 몇 호, 대호동大虎洞에 몇 호, 남서쪽으로 부흥리富興里에 몇 호, 시다막柴多幕에 몇 호, 끝으로 덕은골德隱洞에 10여 호로 도폭 내 민거의 흔적은 끝난다.

이상의 설명은 내문 도폭과 중복되므로 할 수 없이 내문 도폭을 7-1, 철원 도폭을 7-2로 나누었다. 하지만 철원 도폭의 설명은 내문 도폭에 통합 설명되었음을 밝혀둔다.

한편 철원 도폭은 비무장지대가 도폭의 북동부에 5.5km만 걸쳐 있고 11개 도폭 중 가장 짧으며 도폭의 불일치 부분이 많아 조사자들이 혼선을 빚고 있는 곳이다. 지질도도 마찬가지다.

제8장

왕징(旺澄) 도폭

〈연구에 이용된 도폭〉

- 현용도의 왕징(旺澄) 도폭
- 독부도의 삭녕(朔寧) 도폭 하반부, 마전(麻田) 도폭
- 북소도의 삭녕(朔寧) 도폭 하반부, 백학동(白鶴洞) 도폭

1. 지리적 위치와 지질·지형

도폭의 절대적 수리적 위치는 38°00′~15′N, 126°45′~127°00′E에 걸쳐 있다. 행정적 위치는 전 지역이 경기도 연천군 왕징면과 중면, 백학면, 미산면, 전곡읍과 장남면, 장단군 대남면, 소남면, 파주시 적성면 등 1개 시 2개 군 1개 읍 7개 면에 걸쳐 있다.

비교적 위치는 전 지역이 경원선 이서 지역과 서울특별시 북방지역에 해당한다. 도폭의 동쪽으로 임진강이 남류하며 저산성 구릉지와 평지가 많고 농경지가 풍부하여 예로부터 많은 주민을 수용하여 왔다. 휴전선은 도폭의 북동부에서 남서 방향으로 대각선으로 급강하한다.

도폭의 절반 이상이 북한에 해당하며 그 남동쪽으로 비무장지대가 펼쳐져 우리의 주권이 미치는 지역은 도폭의 1/3에 불과하다. 다만 현용도 11개 도폭 중 비무장지대의 연장이 37.5km에 이르며 4km 너비로 면적은 150km^2에 달해 비무장지대가 차지하는 면적이 가장 큰 도폭이다.

개략적 지표 지질을 살펴보면 우리의 주권이 미치는 대부분 지역은 중부 원생계에 해당하는 연천층군이며 연천군 백학면 남서부와 파주군 적성면 임진강 좌우안에 시생계로 의심되는 경기변성암 복합체가 분포한다. 대체로 시원계에 해당하는 태고대의 암석들로 지표 지질은 단조롭다.

왕 징 (旺 澄)

1 : 50,000 지형도 도엽번호 NJ 52-5-25

왕징(Wangjing)

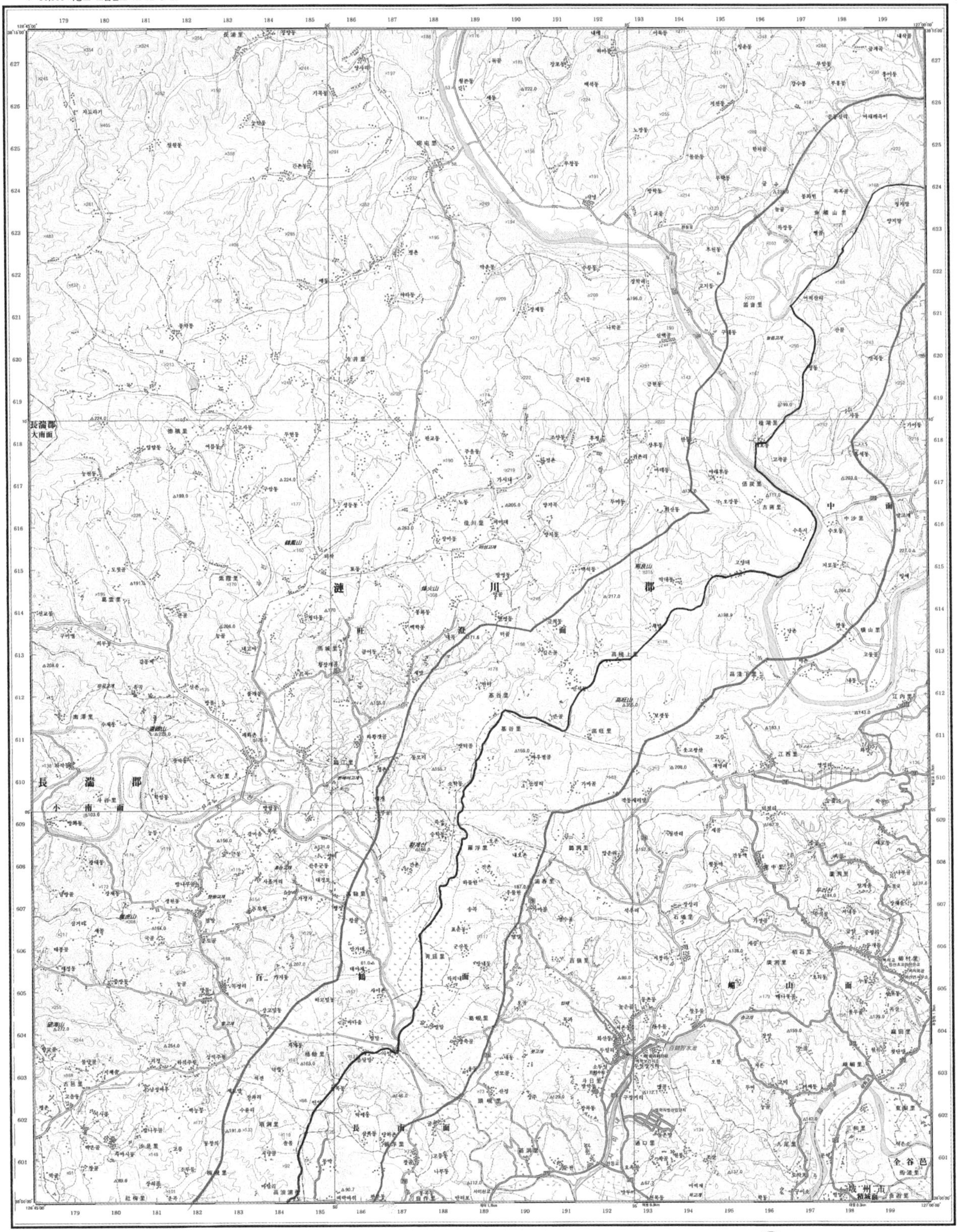

1975년 편집, 2012년 수정 (2012년 조사), 2019년 인쇄

축 척 1 : 50,000 (1cm=500m)

국토지리정보원 http://www.ngii.go.kr

특기할 만한 지형으로는 파주군 적성면 임진강 돌출부의 현무암 노두露頭와 북한에서 남류하여 연천군 백학면 원당리에서 임진강에 합류하는 사미천의 강안사주 지형 발달이 특색이다.

2. 기후와 식생

우리나라 기후는 대체로 중부지방에서는 동해안형, 중부내륙형, 서해안형으로 구분하고 나머지는 개마고원형과 남해안형으로 구분하여 기후적 특색을 말할 수 있다. 왕징 도폭의 기후는 전형적 서해안형 기후로 최근에는 아열대성으로 점이하는 과정에 있다.

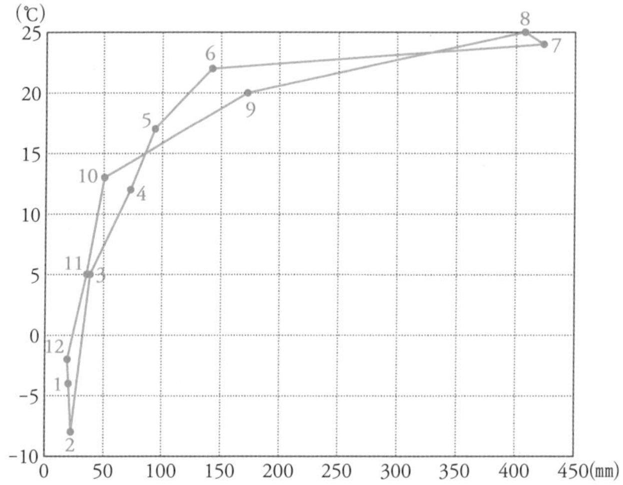

왕징과 문산의 클라이오그래프(동두천의 관측치 적용)(1991~2022 관측치)

1월	2월	3월	4월	5월	6월	7월	8월	9월	10월	11월	12월	전년	기상대 위치	높이
-4	-1	5	12	17	22	24	25	20	13	5	-2	11.2℃	37°54′N	H
21	23	39	73	94	143	424	408	173	51	36	20	1,502mm	127°03′E	109m

전형적 계절풍 기후를 나타낸다. 1, 2, 3, 11, 12월은 겨울철로 건기를 이루며 7~8월은 기온은 높고 강수량은 많으며 우기를 나타내고 있다. 기상관측의 역사가 짧아 W form의 기후표는 작성할 수 없다.

3. 비무장지대 내 거민의 흔적

일제 침략자에 의해 1919년에 제작된 삭녕朔寧 도폭 남동 모퉁이와 1916년에 제작된 마전麻田 도폭을 연결하여 도폭 내 100년 전의 거민의 흔적을 살펴보면 다음과 같다.

왕징 도폭의 북동부로부터 대각선 방향으로 남서진하면 중앙분계선상에 도연리陶淵里 양지마을陽地村과 음지마을陰地村에 40여 호, 북쪽의 웃개묵上浦防과 아랫개묵下浦防에 30여 호, 중앙분계선상의 어적산리魚積山里에 40여 호의 집촌이 입지하고 있었다. 다시 남쪽으로 분계선상에 적음리笛音里 정골에 연천군 중면 면소재지가 입지하였고 남방한계선 안에도 산곡동山谷洞에 10여 호, 중앙분계선 서쪽으로 북한 쪽 동면의 추동抽洞, 목욕골沐浴洞, 논골畓洞, 구대동舊垈洞 등이 있었다.

다시 독부도 마전 도폭으로 넘어가 중앙분계선상으로는 계호동桂湖洞과 사동沙洞, 흑석동黑石洞, 고작골高作洞에 각 20호, 수오동洙澳洞에 15호, 수욱시水郁市와 지로동芝露洞에 작은 집촌이, 고양대高陽垈, 고잔하리高棧下里 새마을新村에 산촌이 입지하였다. 중앙분계선 북서쪽으로는 고장리古壯里와 탄동炭洞, 상후동上後洞, 하후동, 오탄리伍炭里의 오장동伍莊洞 등지에 소규모의 집촌들이 입지하였다. 다시 고잔상리에 10여 호의 산촌과 만석동萬石洞에 각 20호, 다시 왕징면 소재지인 고왕리高旺里는 집촌을 이루었고 기타 은골隱洞에 10여 호, 중앙분계선상의 기곡리基谷里의 안터골內基谷과 박터골外基谷, 바우절골岩寺洞, 가마골釜谷에도 각기 10여 호가 있었다.

중앙분계선상으로 되돌아가면 소학동巢鶴洞, 산점리山店里에 작은 마을들이 입지하였고 승학동乘學洞, 나부리羅浮里와 진촌榛村, 간촌間村, 하물한下勿閑, 웃물한上勿閑에서 솔골松谷에 이르며 포춘동浦春洞과 군산동君山洞에 이른다.

중앙분계선상의 가촌 동쪽으로 내오촌內梧村과 서부의 우근리禹勤里 항골恒谷에 40호에 가까이 있다. 계속 대야치大也峴, 청정리靑廷里 사미촌沙尾村, 다락대樓垈와 방내동防內洞, 갈현리葛峴里 방축동防築洞과 사미천沙尾川을 끼고 넓은 들판의 농경지와 더불어 많은 촌락이 입지하였고 다시 중앙분계선 따라 벌말坪村, 응달마을陰村, 바다마을海村이 입지하였다.

다시 동쪽의 용동春洞과 사암沙岩, 막애동幕涯洞, 작나무골柞木洞과 삼복동三伏洞, 동막東幕과 중앙분계선상의 항동리項洞里 방기골坊基洞과 솔모루松隅村와 그 서쪽의 덕마을德村, 능안마을陵內洞, 잔좌리棧座里 서당골書堂洞, 마답리馬踏里에서 도폭의 민거는 끝난다.

이상과 같이 수도권에 가깝고 야산지대에 곡저평야의 발달이 현저하였기 때문에 많은 인구 수용이 가능하였음을 알 수 있다. 하지만 전화에 이어 비무장지대와 민통선民統線까지 설정되었으니 수많은 사람이 고향을 떠나는 결과를 가져왔다.

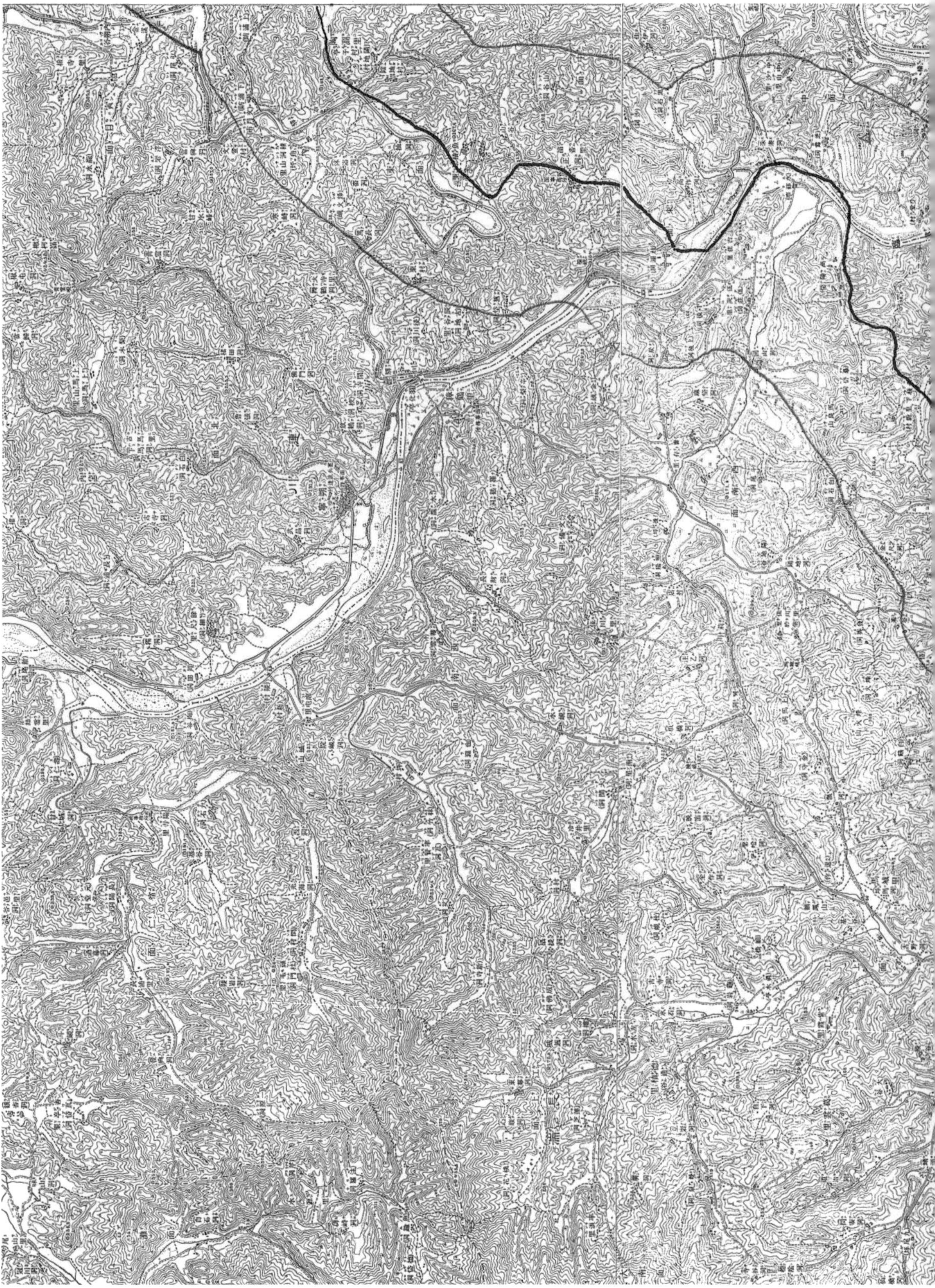

독부도 삭녕(朔寧) 도폭 하반부에 마전(麻田) 도폭 연결

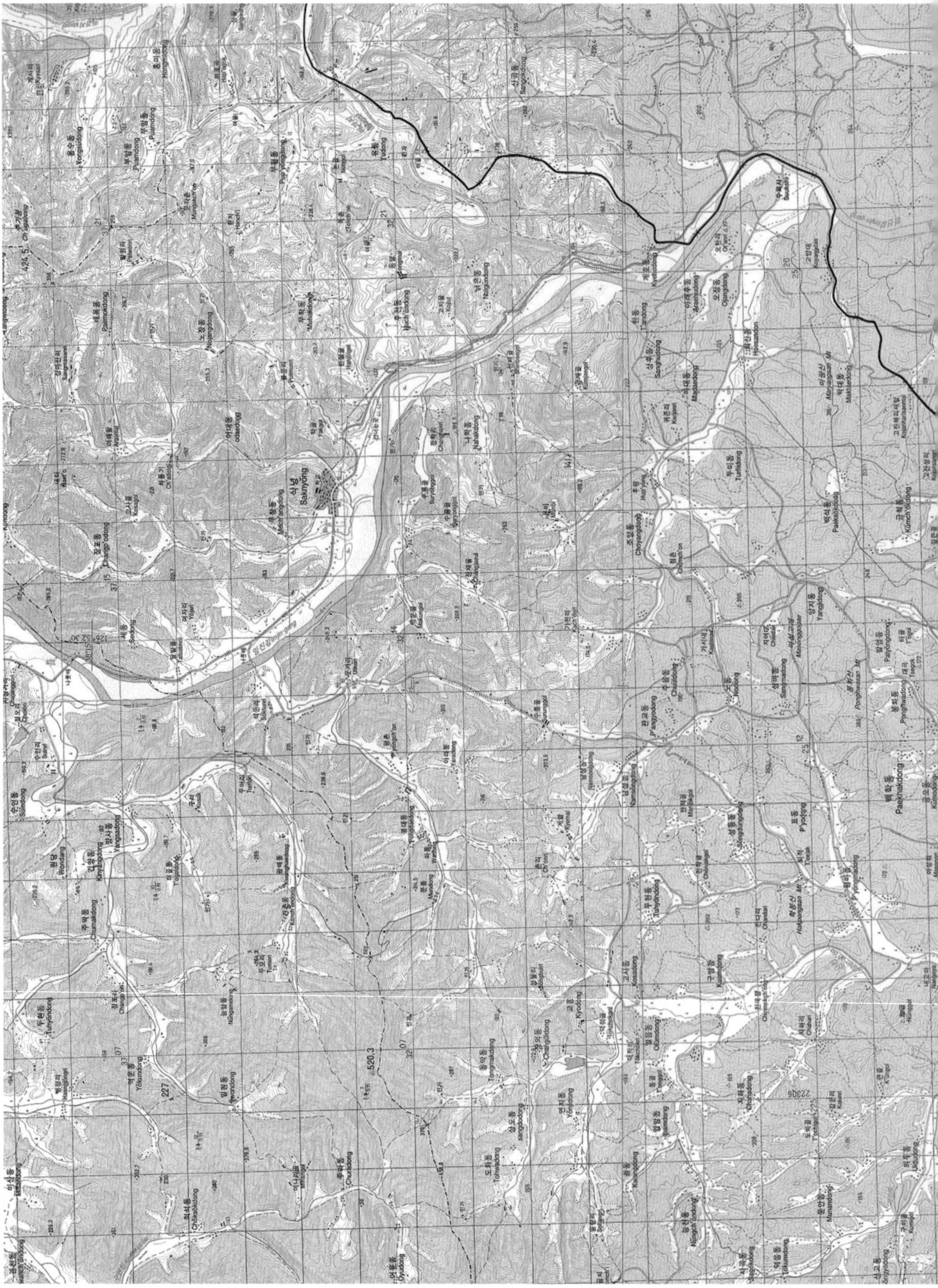

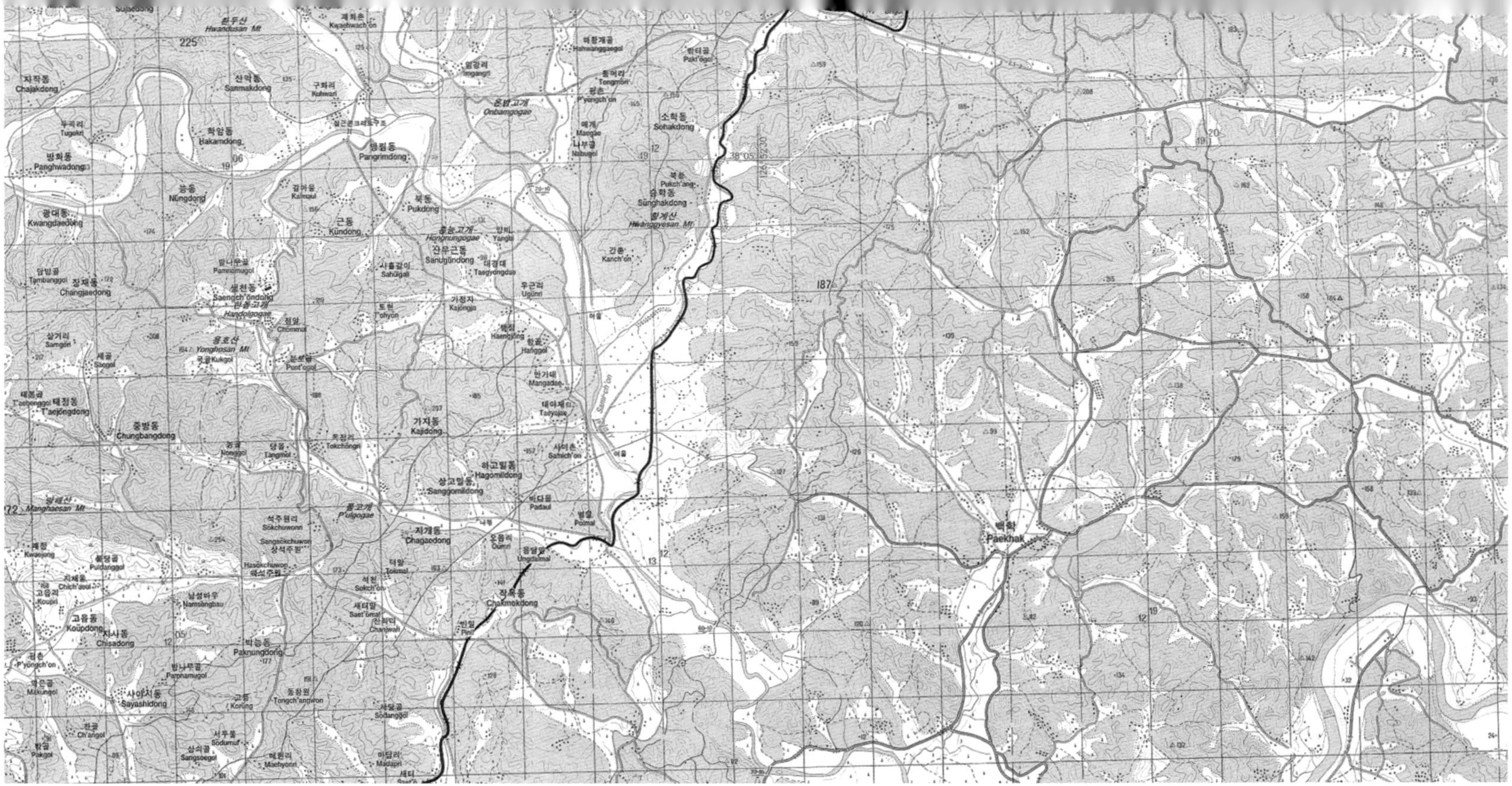

북소도 삭녕(朔寧) 도폭 하반부에 백학동(白鶴洞) 도폭 연결

4. 비무장지대와 연계 가능한 관광 자원

태풍전망대는 임진강의 큰 만곡부인 연천군 중면 횡산리橫山里 264고지에 있는데 적지와 가장 가까운 위치에 있으며 사진 촬영을 일체 허락하지 않는 유일한 전망대이다. 전망대 역내에는 호주군 참전기념비가 자리잡고 있다. 호주군은 미군에 이어 UN군으로 가장 신속하게 전투 병력을 한국에 파견한 나라이다. 지상 전투부대를 비롯하여 해군 공군 등 육해공군 모두 17,000명이 참전하여 이 중 339명이 전사하고 1,216명이 부상을 입었다. 호주군의 희생은 한국 국민들에게 자유 수호의 상징으로 기억되고 있다. 임진강과 마거천 합류점에는 백제 적석총 삼곶리 돌무지무덤이 있으며 연천군 상리에는 필리핀 참전기념비가 있다.

미산면 삼화리 임진강 돌출부 월편에는 사적 223호 숭의전崇義殿이 있다. 태조 이성계가 고려 태조 왕건을 비롯해 나라를 부흥시킨 4명의 왕, 충신 16명의 위패를 모시고 제사를 지내 온 사당이다. 1451년 숭의전이라 이름하고 숭의전의 관리와 전례도 고려 왕족의 후손들에게 맡겼다. 숭의전의 설치 배경은 고려 왕족 및 유민의 회유 차원에서 이루어진 것으로 이해된다. 한국전쟁으로 전각이 모두 불탔으나 1972년부터 1986년까지의 14년 동안 복원이 이루어져 현재의 모습을 되찾게 되었다.

한탄강과 차탄천 합류점 상류 2km 지점에는 사적 268호 전곡리 선사유적지가 있다. 이 일대는 한탄강 차탄천 사이의 용암대지 모식지로 현무암 풍화토는 논으로 개답되어 지역주민의 생활이 윤택하다. 차탄천에 발달한 곡중곡valley in valley은 지형학적으로 큰 의의를 지닌다.

연천읍 남쪽 동현 3리에는 선인들의 무덤 고인돌 공원이 있는데 볼 만하다. 연천군과 철원군 군계인 대광리 일대는 필자가 35연대 2중대장으로 지리산 작전을 끝내고 복무한 곳이며 이 부근에는 보병 제5사단 열쇠 전망대가 있어 안보 교육의 일익을 담당하고 있다.

숭의전은 조선 태조가 고려의 유민과 왕족을 회유하기 위해 세운 사당으로 고려의 왕 4명과 충신 16명의 위패가 모셔져 있다.

숭의전 안에 위패들이 모셔진 모습

연천군 중면 적산리 북방 264고지에 자리 잡은 태풍전망대는 적지와 가장 가까운 전망대이며 북한 쪽으로 사진 촬영이 일체 허락되지 않는다.

태풍전망대 경내의 팔각정은 부근 일대를 관찰하고 전망하기에 가장 좋은 위치에 건립되었다.

태풍전망대는 북한의 고장리 수욱시 적 초소와 가장 가까운 전망대로 유명하다. 휴전선까지는 800m, 북한 초소까지는 1,600m의 거리이다.

호주 참전 기념비. 호주는 미국을 제외하고 육해공 3군이 참전한 유일한 나라다. 특히 호주 공군 제트기(쌕쌕이라 불림)가 맹활약하였다.

전망대 진입로 갓길에는 10m 간격으로 빈틈없이 지뢰 표지판이 붙어 있어 살벌한 분위기를 나타내고 있다.

태풍전망대 남쪽 경내에는 태국군 참전 기념비, 평화통일 기원 시비, 소년 전차병 참전 기념 조형물 등 볼거리들이 많다.

제9장

문산(汶山) 도폭

〈연구에 이용된 지도〉

- 현용의 문산(汶山) 도폭
- 독부도의 문산(汶山) 도폭
- 북소도의 두매리(杜梅里) 도폭

1. 지리적 위치와 지질·지형

문산 도폭의 수리적 절대적 위치는 37°45′~38°00′N, 126°45′~127°00′E이며, 행정적 위치는 경기도 연천군 백학면, 전곡읍, 장남면이 있고 파주시 군내면, 진동면, 파평면, 적성면, 법원읍, 문산읍, 장단면, 파주읍, 탄현면, 월롱면, 조리읍, 광탄면과 양주시 남면, 은현면, 광적면, 백석면, 장흥면 등 모두 2시 1군에 22개 시읍면이 도폭 내에 분포되어 있어 매우 복잡하다.

비교적 위치는 서울특별시 북서부를 차지하는 수도권으로 인구 밀집 현상이 나타나는 지역이며 비무장지대는 도폭의 북서부 모퉁이 연천군 백학면과 파주시 군내면, 진동면에 걸치며 임진강 북쪽으로 설정되어 있다.

대표적 지질은 비무장지대 서쪽은 중생계의 쥐라계에 해당하는 대보화강암 계열의 조립질 각섬암과 선캄브리아시대의 경기변성암 복합체인 안구편마암Augen gneiss이 분포하며 지질학적 특색은 임진강 강섬 초평도 월편의 적성층이며 이는 중생계하부 대동층군에 해당한다.

기타 임진강 강안을 따라 제4기 초에 열하분출된 용암 현무암이 분포하며 기타 연천군 백학면 자작리 일대와 파주시 파평면 파평산 일대 및 천현면 일부 지역에 결정질 석회암과 석회규산염암이 분

문 산 (汶 山)

1 : 50,000 지형도 도엽번호 NJ 52-07-04

문산(Munsan)

1975년 편집, 2017년 수정 (2016 촬영,2017년 조사), 2019년 인쇄

축척 1 : 50,000 (1cm=500m)

국토지리정보원 http://www.ngii.go.kr

포하며 파주시 월롱면 일대에 선캄브리아계의 탄산염암이 대량 분포한다.

지형적으로 특기할 만한 사안으로는 임진강 하곡을 따라 협장하게 열하분출된 현무암이 지형 침식에 미친 영향과 임진강의 유로 변천사이며 이는 하천 지형 연구에 많은 새로운 문제점을 보여줄 것으로 기대한다.

2. 기후와 식생

도폭의 기후는 완전히 서해안형으로 변한다. 북서쪽은 파주평야에 해당하고 임진강은 한강에 합류한다. 경기만의 영향으로 기후는 온화하며 경지는 비옥하여 인구밀도가 높고 수도 서울을 생활권으로 다양한 경제활동이 이루어지고 있다.

3. 비무장지대 내 거민의 흔적

도폭의 북서 모퉁이를 군사분계선이 짧게 통과하기 때문에 기술할 주거의 흔적 또한 적다. 중앙분계선상의 주거를 기준으로 살펴보면 새터新基에 10여 호, 계당촌桂堂村과 벼락바위雷岩에 작은 집촌 오금리烏金里에 10여 호, 두매리杜梅里에 10여 호가 입지하였다. 다시 지능동智陵洞에 10여 호. 그리고 응골應谷, 화전동花田洞, 대위동大位洞과 산후동山後洞, 남서쪽으로 배나무골梨木洞, 초록동草綠洞, 곽촌郭村 등지에 거민의 흔적이 남아 있을 뿐이다.

4. 신라를 마감하고 고려 태조 왕건에게로 간 경순왕

경순왕은 제56대 신라를 마감한 왕으로서 그의 재위 기간은 서기 927~935년까지 8년간이다. 그는 927년 경애왕이 후백제 견훤에 의해 죽임을 당한 후 왕위에 올랐으나 후백제의 끊임없는 침략과 지방 군벌들의 할거로 혼란스러웠다. 이에 민심은 신흥 고려에 기울었고 일부 신하들의 반대를 무릅쓰고 고려 왕건에게 나라를 넘겨주었다. 43년 후 고려 경종 3년인 978년 세상을 떠났다. 왕의 시신은 고려 조정에서 백 리 밖으로 나갈 수 없다는 고려의 법도에 따라 이곳 장단면 고랑포 선거산에 왕릉

독부도 문산(汶山) 도폭

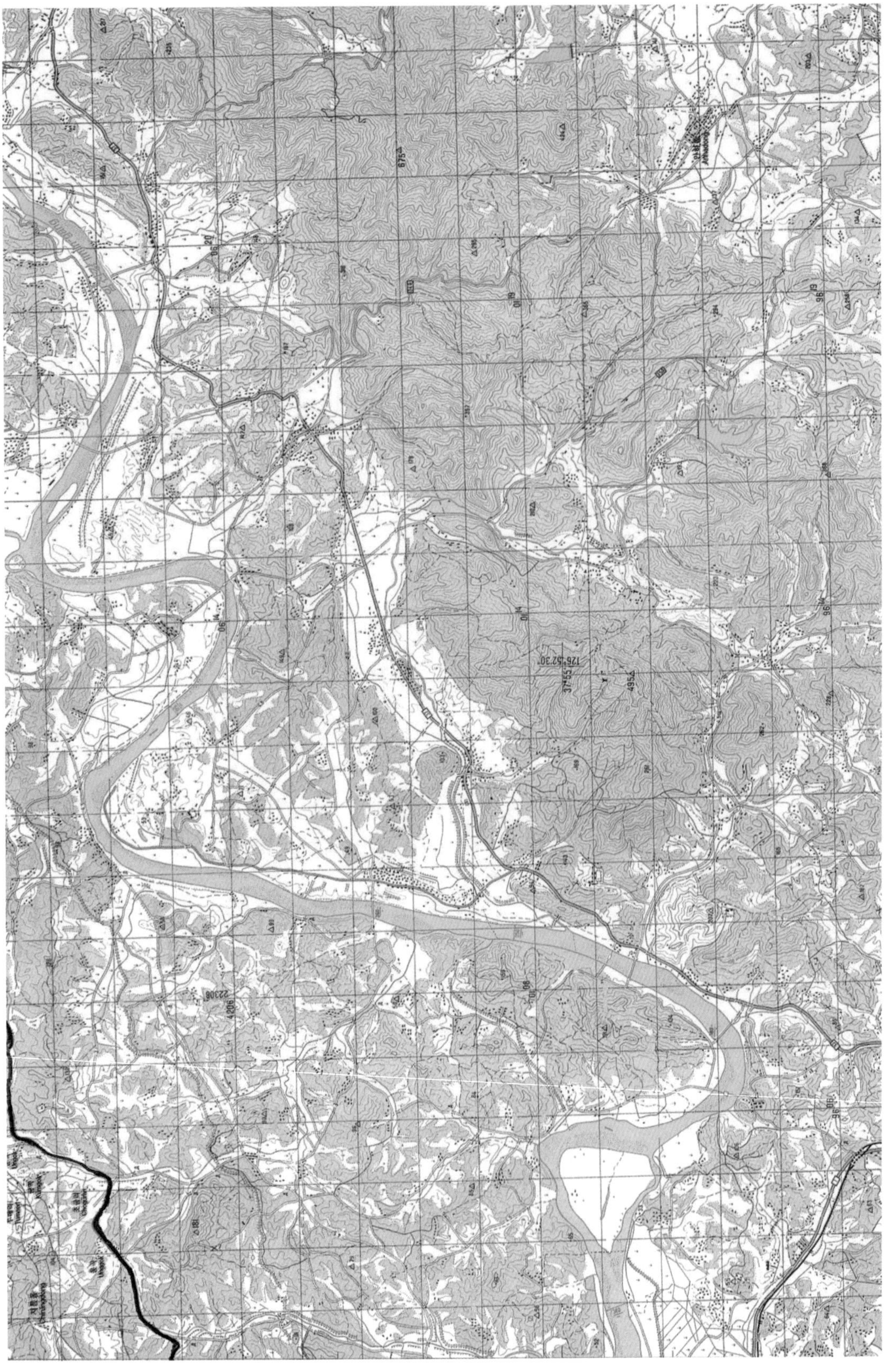

북소도 두매리(杜梅里) 도폭

석물에 둘러싸인 신라의 마지막 왕 경순왕의 능침. 고려의 법도에 따라 장단면 고랑포에 능침을 만들었다. 사적 제244호로 지정·보호되고 있다. 경주 신라 왕릉들과 달리 문산의 경순왕릉은 조선시대의 왕릉 모습을 하고 있다.

경순왕릉 비각 속의 비석. 전면에는 신라경순왕지능이라 기재하고 후면에는 신라 제56대왕으로 후당 청성 2년 무자(서기928년)에 경애왕의 대를 이어 왕위에 올랐다고 기록하고 있다.

이 조성되어 신라의 왕릉 가운데 유일하게 경주를 벗어난 왕릉이 되었다.

경순왕의 사후 오랜 세월 잊혀졌던 것을 1747년 조선 영조 23년 경순왕의 후손들이 왕릉 주변에서 묘지석을 발견함으로서 왕릉을 되찾았다. 따라서 경순왕릉은 조선 후기의 양식으로 재정비되어 오늘에 이르렀고 봄과 가을 두 차례에 걸쳐 제례가 행해지고 있다.

5. 화려했던 옛날을 회상하며 재기하는 고랑포

100년 전에 제작된 1:50,000 지형도인 독부도(1918년 조선총독부가 발행한 1:50,000 지형도)에 의하면 서울의 마포에 비할 바는 아니지만 임진강의 포구浦口로서는 최대의 성황盛況을 누린 하고랑포, 상고랑포, 자지포의 모습을 볼 수 있다. 1930년대의 사진에 의하면 고랑포에는 이미 화신백화점의 분점이 들어서 있을 정도였다.

6·25전쟁의 극심한 참화를 입은 고랑포는 오늘날 1:50,000 지형도상에서 지명 자체가 흔적도 없이 사라졌지만 이 고장에서 대대로 살아온 후손들이 간직한 사진과 증언들이 그 화려함을 증명하고 있다. 이러한 자료들을 모아 옛 고랑포의 생생한 모습을 구현해 줄 연천 고랑포구 역사공원이 2019년 5월 중에 개관될 예정이다. 운 좋게도 먼저 이곳을 돌아볼 수 있는 기회를 가졌다.

성시를 이룰 때의 고랑포구와 고랑포 시가지 모습이다.

고랑포구로 내려가는 길은 아직도 폐쇄되어 있다. 철조망으로 차단되어 있는 것은 지뢰의 위험성 때문인 것 같다.

개관을 앞둔 고랑포 역사공원 전경. 알뜰하게 사료를 챙겨 전시하고 있다. 2019년 5월 1일 이곳을 방문한 필자 일행의 전시관 관람을 도와준 연천군 공무원에게 감사한다.

한창 성시를 이룰 때의 3층 건물로 된 고랑포 화신백화점. 현재의 역사 박물관과 넓은 주차장이 화신백화점 옛터라고 한다.

3층짜리 화신백화점 분점이 들어서 있던 현재의 고랑포 역사박물관 주차장

고랑포구 역사공원 내 전시관에는 1930년대의 고랑포 중앙우체국의 모습이 재현되어 있다.

고랑포가 성시를 이루던 시절 농가의 동산 1호인 소를 팔고 사던 우시장 모습이 그려져 있다.

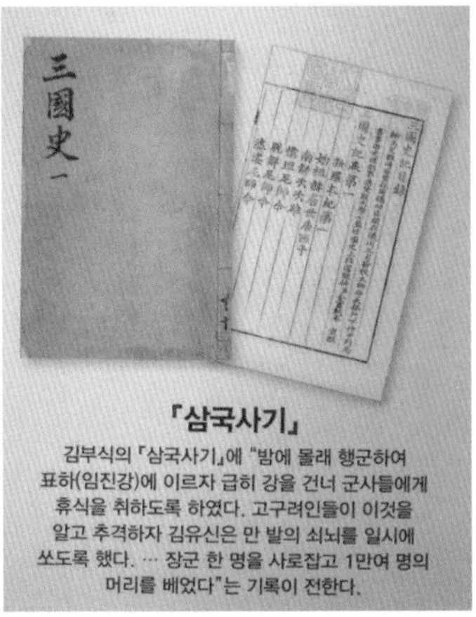

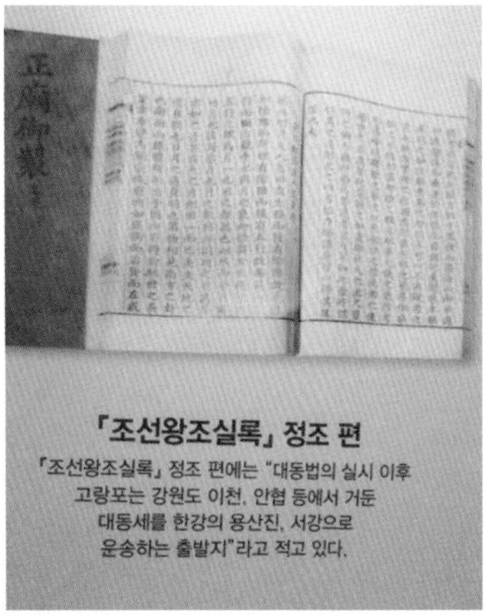

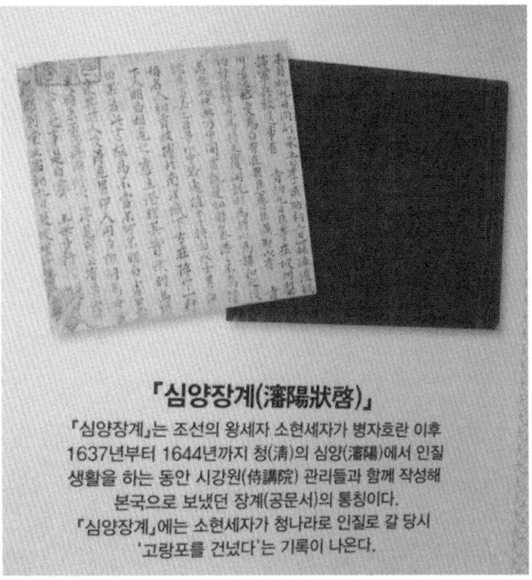

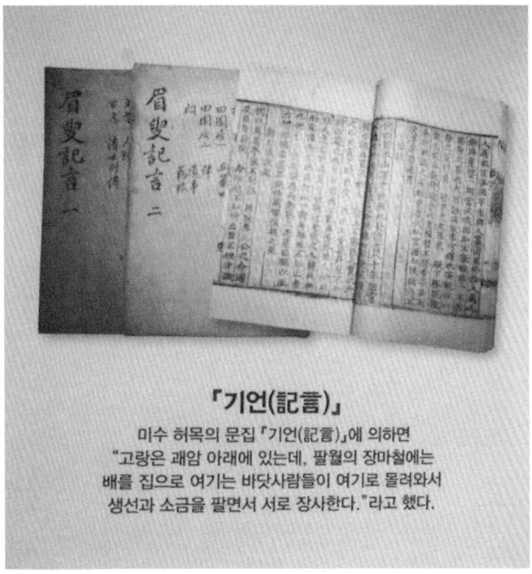

전시관에는 고랑포와 관련한 기록이 있는 고서들에 대해 설명해 놓았다.

고랑포 일대에서는 공병대대장의 직접 지휘로 지뢰 제거와 경지 개발을 위한 작업이 이루어지고 있다.

고향이 그리워서 고랑포로 돌아온 문명수(69), 이구회(66) 씨는 필자 일행을 반갑게 맞이하며 고랑포의 역사에 대해 들려주었다.

20세기 초 옛 고랑포의 귀중한 사진 같다. 다닥다닥 초가집이 자리 잡고 포구로 내려가는 길만이 뚜렷하다. 조수간만의 영향으로 임진강물이 갈라지고 포구에 잔잔한 물결이 일어나는 것이 이색적이다.

고랑포 소녀 합창단 일동 사진이다. 단장인 듯한 분이 일본군식 전투모를 쓰고 가운데 앉아 있다. 이들은 유명세를 타고 신문지상에 보도되기도 하였고 한다.

애향심의 발로로 세워진 시비. 「내 고향은 장단 고랑포」라는 시가 새겨져 있다.

고랑포구역사공원 주변에서는 공병 대대장의 진두 지휘로 지뢰 제거 작업과 경지 개발 작업이 한창이었다. 흩어졌던 옛 고랑포 주민들이 모여들어 재건에 협력하며 새로 개설된 포장도로를 따라 집 짓고 농사에 전념하고 있었다.

93세의 필자를 부축하며 답사 중인 부자를 반갑게 맞아주며 다양한 증언과 안내에 앞장선 고랑포 출생 문명수(69), 이구회(66) 씨를 비롯해 개관 전에 고랑포구역사공원 전시관을 안내하여 준 연천 지방공무원에게 감사함을 전한다.

6. 비무장지대와 연계 가능한 관광자원

고랑포구 역사공원 외에도 문화재 등의 자원이 도처에 있다. 문산읍 사목리의 황희 유적지 반구정(경기도 문화재자료), 적성면 장좌리 임진강 건너 상고랑포에 있는 경순왕릉(사적 제244호), 파평면 눌노리의 파산서원(경기도 문화재자료), 임진리 화석동의 율곡 유적지 화석정(경기도 유형문화재 제61호), 문산역의 통일공원, 감악산 서사면의 법륜사, 운계폭포 등 모두가 훌륭한 관광자원들이다.

또한 유네스코 세계지질공원 후보지인(주: 저자 사망 1년 뒤인 2020년 7월 7일 유네스코 세계지질공원으로 승인됨) 한탄강지질공원이 있다. 현무암 단애 위에 조성된 호로고루(사적 제467호)가 개성과 서울을 연결하는 중요한 길목에 있는데 이곳 성벽 위에서 임진강을 조망할 수 있는 점도 큰 장점이다.

영원한 청백리 황희(1363-1452) 정승이 낙향하여 만년에 임진강가에서 갈매기를 벗삼아 지내던 정자 반구정

율곡 이이1537~1584)가 낙향하여 제자를 가르치며 지내던 임진강 기슭의 정자 화석정

경기도 파주시와 연천군 백학면을 연결시켜 주는 비룡대교 아래는 세계지질공원의 후보지이다. 한탄강지질공원은 유네스코 세계지질공원 후보지인데 이 지역에서는 강안 절벽의 주상절리와 현무암 층서를 기초로 한 여러 지질 현상을 관찰할 수 있다.

임진강 우안의 잘 보존된 현무암 단애. 단애 아래의 자연과 취수장이 이채롭다.

세계지질공원 후보지인 임진강 일대는 강태공들의 평화로운 낚시터가 되고 있다.

연천군 미산면에 있는 숭의전 앙암재. 제례를 준비하는 곳이며 '사진으로 보는 북한 속의 고려'라는 주제로 사진전이 열리고 있다.

남쪽에서 촬영된 호로고루(瓠蘆古壘)성. 삼국시대에 이 일대를 호로고루로 부른 데서 유래한 이름이다. 성의 둘레는 약 400m에 남북은 현무암 절벽이다. 임진강에는 하류 쪽으로부터 덕진산성, 호로고루성, 당포성이 일정 간격으로 배치되었다.

당포성 위를 걷고 있는 필자

호로고루성을 배경으로 들어선 호로고루 홍보관에는 북한이 기증한 광개토대왕릉비 복사본이 세워져 있다.

연천군 미산면 삼화교 아래 임진강 우안에 자리잡은 당포성. 당포성은 임진강 변에 현무암을 벽돌처럼 잘라 쌓아 올린 평지성으로 지리적 장벽인 강안 절벽이 없는 곳에 축성하여 적의 침공에 대비하였다.

당포성 전경을 담은 표지판 안내도. 당포성은 임진강안 현무암 단애가 단절된 곳에 현무암을 잘라 축성하였다.

❶ 동벽 ❷ 남벽 ❸ 북벽
❹ 고려시대 건물지 ❺ 동벽 전망대

고랑포에서 호로고루 성지(城址)로 들어가는 길목에는 대전차 방호벽이 설치되어 있다. 이러한 대전차 방호벽들도 전쟁 기념물로 볼 만한 가치가 있다.

강력한 벽돌로 만들어진 벙커와 연결된 교통호도 전쟁 기념물로 보존할 가치가 있겠지만, 포격을 받으면 벽돌 벙커는 파편으로 피해가 클 수 있으니 흙을 파서 만든 교통호보다는 위험성이 높다.

임진강 남안에 건재하는 철근 콘크리트 벙커는 전쟁 기념물로 보존할 가치가 있다.

지뢰 지대로 66년간 인적이 끊긴 임진강 남안의 자연과 생태계를 본다.

제10장

개성(開城) 도폭

〈연구에 이용된 도폭〉

- 현용도의 개성(開城) 도폭
- 독부도의 개성(開城), 통진(通津) 도폭
- 북소도의 개성(開城), 조강리(祖江里) 도폭

1. 도폭의 지리적 위치와 지질과 지형

도폭의 수리적 절대적 위치는 37°45′~38°00′N, 126°30′~45′E이며 행정적 위치는 도폭 내에 경기도 연천군 백학면을 시작으로 다음과 같이 펼쳐진다. 파주시 진동면, 군내면, 장단면, 문산읍, 탄현면, 교하읍, 김포시 하성면과 월곶면, 인천광역시 강화읍, 개풍군, 대성면, 상도면, 홍교면, 중면, 임한면 등 모두 3개 시 2개 군 3개 읍 11개 면이 도폭 내에 펼쳐지고 있다.

남북한은 한강과 임진강 합류점에서 백령도와 장산곶 사이까지 NLL로 경계를 삼고 있다. 중앙분계선은 장단면 정동리 개골에서 북진하여 도라산역에 이르고 마산골에서 북서진하였다가 북진하여 대성동 자유의 마을 서편에 이르러 널문리板門店에서 북동진하여 문산 도폭과 연결된다. 비무장지대는 마치 기역 자를 뒤집어 놓은 것 같은 모양으로 개성시 동쪽 7.5km 지점에서 펼쳐지며 도폭 내 중앙분계선의 길이는 23.5km에 이르며 문산 도폭과 연결된다.

임진강이 한강에 합류하는 지점에서부터 강화도 북쪽의 넓은 38선 이남의 지역은 병력과 장비의 수송은 물론 보급과 중장비의 투입 불가로 전략상 방어를 포기한 지역들이다. 따라서 우리의 주권하에 있는 자유의 다리 임진강철교 이서의 파주시 탄현면 만우리 월편의 장단면 정동리 개골의 중앙분

개 성 (開 城)

1 : 50,000 지형도 도엽번호 NJ 52-9-03

개성(Gaeseong)

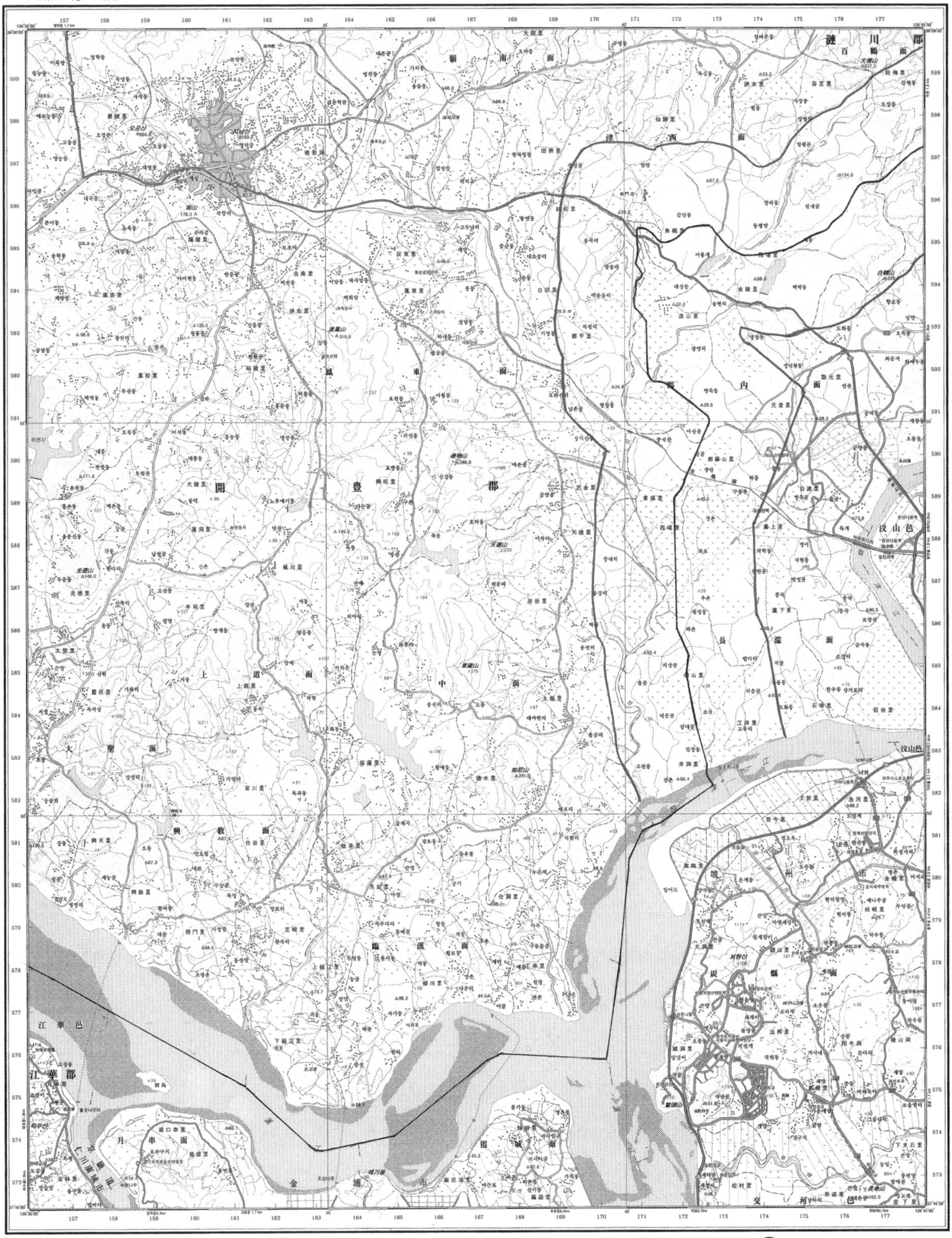

1975년 편집, 2012년 수정 (2011년 조사), 2019년 인쇄

축척 1 : 50,000 (1cm=500m)

국토지리정보원 http://www.ngii.go.kr

계선 이서지역은 강심을 따라 한강 하구에 이르며, 다시 황해도와 경기도의 경계를 따라 황해에 이르고 백령도를 비롯한 연안 도서는 우리의 주권하에 있다.

비교적 상대적 위치는 한강 하구에 펼쳐지며 서울과 일산 신도시의 생활권으로 최근 파주시 일대는 거국적 발전을 이룩하여 경기 영어마을과 교하지구 운정 신도시가 건설되었고 파주시와 고양시 등 서울시 외곽의 위성도시적 성격을 지니고 있다.

지표 지질은 대성동 자유의 마을과 판문점 일대는 대보운동으로 관입된 화강암류에 속하는 조립각섬질 흑운모 화강암이고 비무장지대와 임진강 우안의 장단 일대는 조립질 흑운모 편마암이 분포하며 임진강 좌안의 낙하리 일대는 흑운모 편마암이 분포한다. 오두산통일전망대와 통일동산주차장 북방산지는 거의 경기편마암 복합체인 흑운모 편마암 일색이며 주목할 만한 지질학적 특징은 원생계 전기에 해당하는 결정질 석회암이 오두산 밑둥인 강가를 둘러싸고 있는 점이며 이와 같은 현상은 내륙으로 들어가며 더욱 확대된다.

지형학적 특징으로는 한강의 일차지류인 임진강의 합류이며 한강 하류부는 조수간만의 차이가 커서 하상에 퇴적보다도 굴식 현상이 강하여 하운에 장애는 되지 않으나 거의 70년 세월 동안 폐쇄되고 단절된 하운과 하상의 지형 진화 과정에 대해서는 현재로선 알아볼 길이 없다.

2. 기후와 식생

한국 최대의 하천인 한강과 더 나아가서는 조수간만의 차가 세계적으로 큰 경기만 그리고 세계적 천해淺海 대륙붕인 황해의 기후 조절로 인해 대체로 한국형 해양성기후를 나타내며 겨울철의 시베리아기단과 봄과 가을철의 오호츠크해에 자리 잡은 한대 해양성 기단의 영향을 받는다.

여름철이 되면 열대 해양성 기단의 영향으로 장마가 시작되며 태풍도 내습하는 한편 온대 대륙성 기단인 양쯔강기단의 영향도 받으나 그 영향이 최근에는 현저히 약화된 경향성이 나타나고 있다.

겨울철에는 한대 대륙성 기단인 시베리아기단의 영향으로 혹한의 지속도 경험하였으나 근래에는 지구대기의 오염에 따른 기온의 상승효과로 온난화가 지속되며 영구빙설이 축소되어 한국의 남부지방은 점차적으로 아열대성 기후지역으로 이행하는 과정에 있다.

따라서 재배작물의 한계가 북상하며 전통적 식생에 이상징후가 생기며 종래에 볼 수 없던 열대·아열대 과일의 재배 등 기이 현상이 나타나고 있다. 특히 주목되는 변화는 사과나무와 동백나무의 북진이며 서울 근교에서 재배 면적의 확대 징후가 나타나고 있다.

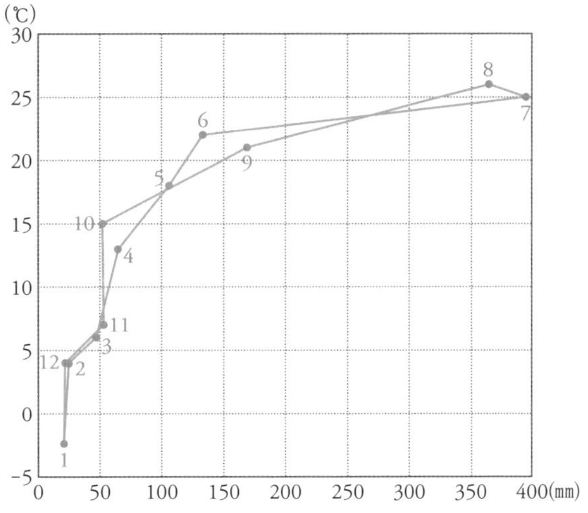

개성의 클라이모그래프(서울의 측정치 적용; 1951~2010년)

1월	2월	3월	4월	5월	6월	7월	8월	9월	10월	11월	12월	전년	기상대 위치	높이
−2.4	4	6	13	18	22	25	26	21	15	7	4	12.5℃	37°34′N	H
21	25	47	65	106	133	395	364	169	52	53	22	1,450mm	126°57′E	85.8m

1, 2, 12월은 겨울철인 동시에 갈수기이며 6, 7, 8월은 기온이 높은 여름철로 강수량이 7~8월에 치우치고 우기를 이룬다. 기상 관측의 역사가 깊어 60년간 통계치를 적용하였다. 7~8월 강수량이 특히 많은 것은 지형성 강우 현상이 있기 때문으로 설명된다.

3. 비무장지대 내 거민의 흔적

우선 도폭의 북동부 중앙분계선상의 마을부터 시작하여 도폭의 북쪽에서 서진하며 살펴보고 중앙분계선 따라 다시 판문점에서 남진하여 임진강 우안의 장단면 정동리井洞里에 이르며 중앙분계선을 따라 남북으로 각각 2km씩 후퇴하여 북방한계선과 남방한계선을 설정하였다.

중앙분계선상에는 안골內洞, 후천골後川洞, 마장리馬場里와 백학골白鶴洞에 산촌이, 감암동甘岩洞 남쪽의 동편마을東便村과 어룡포魚龍浦와 금능리金陵里, 송현리松賢里 대성동臺城洞에서 비무장지대 중앙분계선 돌출부인 널문리板門店에 이른다.

다시 널문리에서 남진하면 조산리造山里와 광명리光明里 방축동防築洞에 각기 20여 호, 중앙분계선 서쪽으로 발산리鉢山里와 송곡리松谷里, 백동음리白冬音里, 백전리白田里에서 남쪽으로 도라산리都羅山里 평창동平昌洞에 이른다.

중앙분계선상의 실골絲谷과 장단역 철길 남북으로 집촌이 형성되었고 그 남쪽으로 중동中洞과 실골 서쪽 철길 북쪽으로 마산골馬山谷, 중서골中西谷이 입지하였다.

독부도 개성(開城), 통진(通津) 도폭

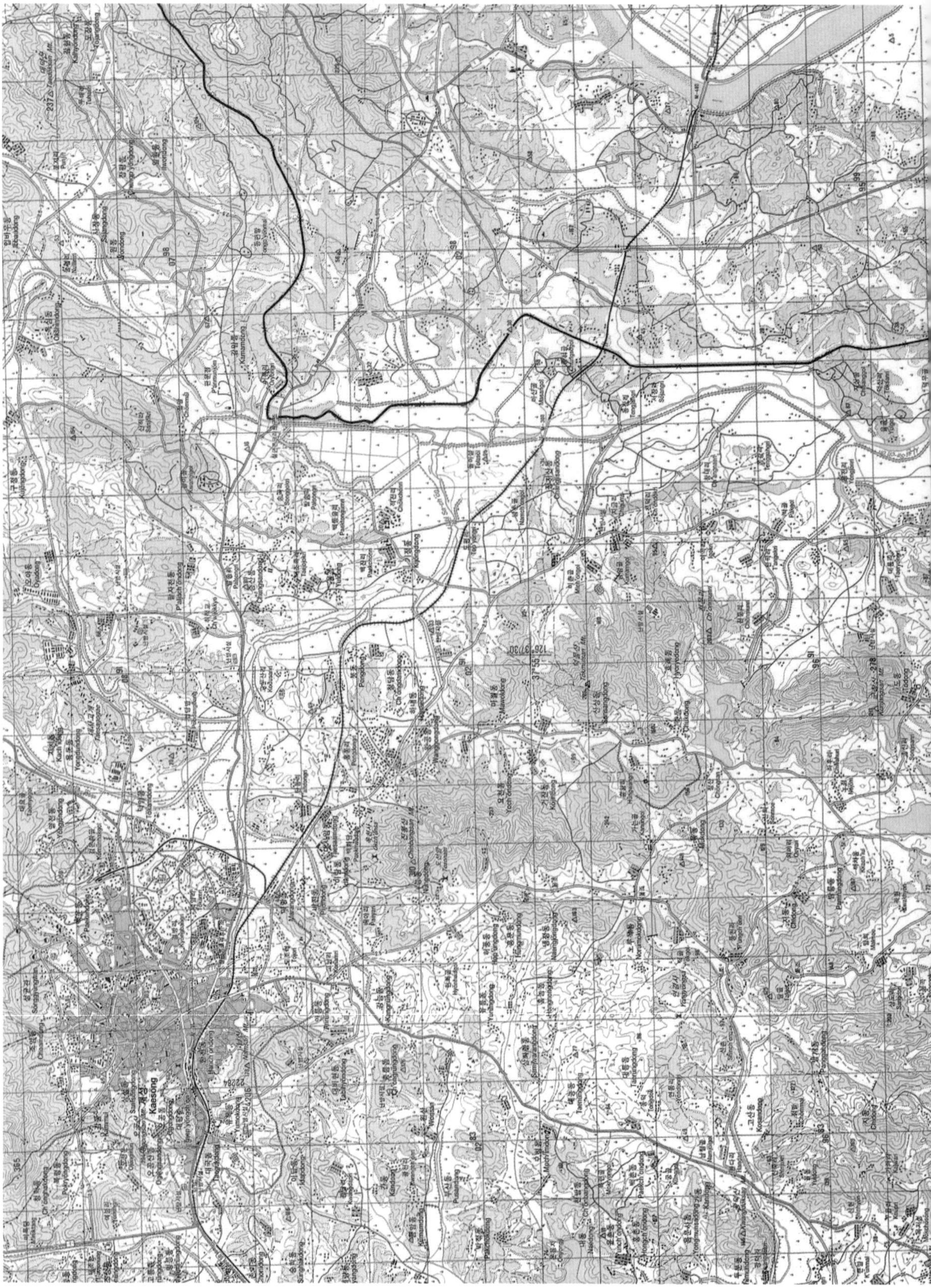

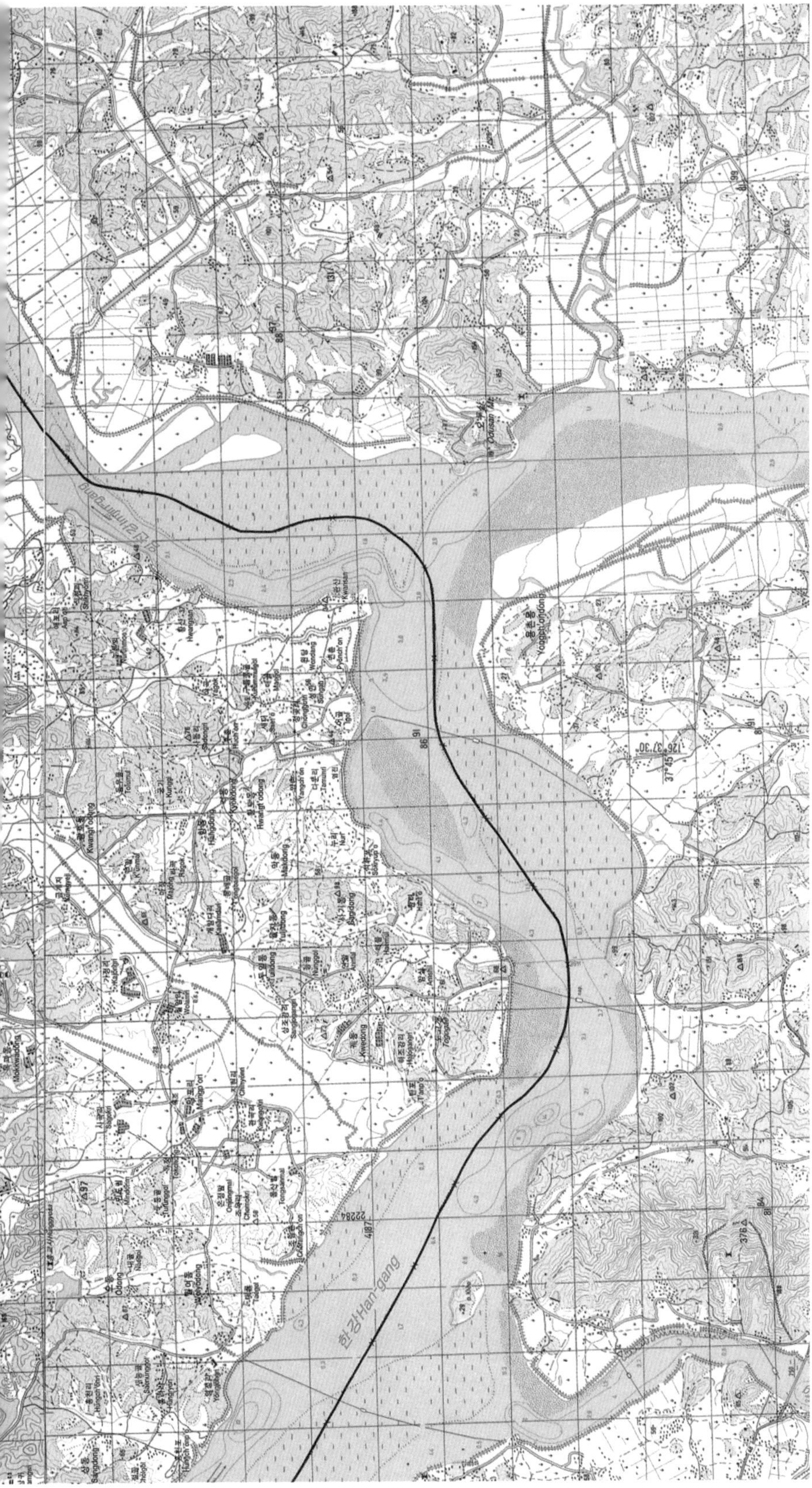

북소도 개성(開城), 조강리(祖江里) 도폭

다시 남진하여 서장리西場里 집촌, 동장리東場里 장촌場村 동쪽으로 구봉촌九鳳村 하동下洞과 창내리倉內里, 동강리東江里 집촌에 이르며 율동栗洞과 사창동社倉洞, 덕무골德武洞, 고잔동高棧洞, 진촌津村에 이르러 임진강 갯벌에서 끝난다.

중앙분계선 동쪽의 마을을 살펴보면 여기서 조산리造山里와 광명리光明里를 지나 중동中洞과 하동下洞 및 구봉촌九鳳村에 이르고 갈현골葛峴洞과 작학동柞學洞, 풍골豊洞에서 계속 남진하여 뱀다리蛇橋에 이르며 임진강 강가에 가까운 지음골知音洞에 이른다.

여기서 광대골廣大洞 집촌과 말안골末安洞, 도화동桃花洞을 거쳐 드디어 임진강 강가에 이르러 고루리高樓里와 강정리江井里 사이의 개골에서 민거는 끝난다. 이처럼 많은 주민들이 살아왔으나 현재는 대성동 마을을 제외하면 완전 폐허가 되었다. 현재 대성동 자유의 마을은 남한에서 비무장지대에 있는 유일한 마을로 초등학교를 비롯한 공공시설도 있는 곳이다.

4. 비무장지대와 연계 가능한 관광자원

역내 최대의 관광자원은 판문점과 대성동 자유의 마을이며 여기에 더하여 제3땅굴과 도라전망대, 자유의 다리 임진강철교이다. 또한 임진강 좌안의 황희정승 유적지 내에 반구정이 있으며 한강과 임진강의 합류점, 한강 우안에는 오두산통일전망대와 망배단이 있다.

이 밖에도 파주시의 임진각 관광지는 규모가 크며 국립6·25전쟁납북자기념관이 돋보인다. 조선의 16대 임금 인조와 왕비의 무덤인 장능(사적 제203호)과 금당사, 고려 숭의전 등이 있다. 또한 통일 후 화려한 신도시를 꿈꾸는 개성의 사적과 유적들, 그리고 부활의 날을 기다리는 개성공단이 있다.

한편 경의선, 경원선, 동해선의 연결과 개통은 우리 민족 경제의 일대 도약과 활성화를 가져올 것은 명약관화하다. 경의선은 중국의 동북지방을 통하여 내몽고와 러시아 및 유럽과 연결되며, 중국의 수도권을 거쳐 신장新疆위구르 중앙아시아 지역과도 연결되는 대동맥이 될 수 있다. 경원선과 함경선 또한 몽골과 러시아의 중부 시베리아와 연해주와 연결되며 북부 유럽으로 진출할 수 있다. 이는 선박을 이용한 해상운송보다도 시간거리 비용을 줄일 수 있는 중요한 수단이다.

이상에서 거의 250여 km에 이르는 비무장지대를 있는 그대로 살펴보았다. 이제 그 서쪽으로는 군사분계선 대신 북방한계선, 즉 NLL(North Limit Line)이 설정되어 있다. 백령도, 대청도, 소청도, 연평도, 우도의 5개 섬과 옹진반도의 중간으로 NLL이 설정되어 있으며 이어 말도, 교동도, 강화도, 김포,

파주시 탄현면, 임진강이 한강에 합류하는 지점에 설치된 오두산 통일전망대는 동해안 고성 도폭의 송도진리 통일전망대와 더불어 우리나라 통일 안보 교육의 일익을 담당하는 알파와 오메가이다. 필자의 뒤에는 지도를 안고 답사에 동참한 이화여자대학교 출신 지리학 석사인 둘째 자부가 서 있다.

현재 도라산역에서는 임진강역 사이만을 운행하는 기차가 다니고 있지만, 도라산역사는 미래의 경의선 전체 개통을 전제로 건설된 완벽한 기능을 가진 현대식 건축물로 통일 기원의 상징물이 되고 있다.

개성에 최근접한 전망대인 도라전망대에서는 비무장지대와 북한 지역을 관찰할 수 있다. 이곳에는 내국인과 외국인 가릴 것 없이 수많은 사람이 방문한다.

교각만 남은 임진강철교 남단에는 분단의 상징으로서 장단역에서 파괴되어 비무장지대에 있던 증기기관차를 옮겨와 전시하고 있다.

옛 임진강철교 남안에 설치된 철책선에는 통일을 염원하는 많은 사람들이 달아 놓은 통일 기원 리본이 한가득 걸려 있다.

도라산역사 안에 제3땅굴 전차 승강장 입구의 경비대대 초병 모습을 모형으로 제작해 놓아 관광객들이 함께 사진 촬영을 할 수 있다.

제3땅굴 전차 승강장 아래 DMZ전시관 안내 설치물. 소년들이 자유롭게 즐기며 사진을 찍고 있다.

임진각평화누리공원에 설치된 망배단으로 북한 실향민들이 명절마다 고향을 향해 차례나 제사를 지내는 제단이다.

좌측의 철교는 경의선 복원을 전제로 새로 건설된 임진강철교이고 우측은 전화(戰禍)를 입어 교각만 남은 원래의 임진강철교이다.

임진강 남안(南岸)의 철책선. 특별한 공사가 있거나 영농을 위한 출입증이 있는 사람들은 초병의 검색을 통해 출입이 가능하다.

임진강 남안에 설치된 철책선과 경비 초소 및 고압 전선은 분단과 대립이 현실임을 느끼게 한다.

정전회담 조인과 동시에 포로들을 상호 교환할 때 사용된 자유의 다리

철책으로 차단된 곳에도 통일 기원 리본과 태극기를 달아놓았다. 실향민을 비롯해 우리 모두의 통일 염원이 담긴 장소이다.

반구정은 조선 초기의 명재상이며 청백리인 황희가 낙향하여 세운 정자이다.

임진강 유원지에 설치된 장승으로 천하대장군과 천하여장군 및 조형물이다.

임진강 유원지의 한 모퉁이를 장식한 기념비. '조국이 없으면 나도 없다'라는 글귀가 새겨져 있다.

개성 부근에 설치된 군사분계선을 할아버지의 지게를 타고 넘는 소녀 사진. 할아버지와 손녀의 얼굴 표정이 사뭇 침통하다.

파주 등이 우리의 주권하에 있다. 황해도 장산곶 남쪽에서 시작되어 옹진반도 남쪽과 옹진만 그 동쪽의 용당포龍塘浦 그리고 광활한 연백평야에서 한강 하구의 넓은 삼각강estuary에 이르는 지역이 우리와 마주하고 있다.

평화공원 조성을 전제한 비무장지대 연구 및 답사

초판 발행 2023년 9월 22일

지은이 **서무송**
펴낸이 김선기
펴낸곳 (주)푸른길
출판등록 1996년 4월 12일 제16-1292호
주소 (08377) 서울시 구로구 디지털로 33길 48 대륭포스트타워 7차 1008호
전화 02-523-2907, 6942-9570~2
팩스 02-523-2951
이메일 purungilbook@naver.com
홈페이지 www.purungil.co.kr

ISBN 978-89-6291-069-8 93980